Elke Frank | Thorsten Hübschen

OUT OF OFFICE

Elke Frank | Thorsten Hübschen

OUT OF OFFICE

Warum wir die Arbeit neu erfinden müssen

REDLINE | VERLAG

Bibliografische Information der Deutschen Nationalbibliothek:
Die Deutsche Nationalbibliothek verzeichnet diese Publikation in der Deutschen
Nationalbibliografie. Detaillierte bibliografische Daten sind im Internet über
http://d-nb.de abrufbar.

Für Fragen und Anregungen:
lektorat@redline-verlag.de

1. Auflage 2015

© 2015 by Redline Verlag, ein Imprint der Münchner Verlagsgruppe GmbH,
Nymphenburger Straße 86
D-80636 München
Tel.: 089 651285-0
Fax: 089 652096

Redaktion: J. T. A. Wegberg, Berlin
Umschlaggestaltung: Melanie Melzer, München
Autorenfotos: © Microsoft Deutschland GmbH
Satz: inpunkt[w]o, Haiger
Druck: Konrad Triltsch GmbH, Ochsenfurt
Printed in Germany

ISBN Print 978-3-86881-582-5
ISBN E-Book (PDF) 978-3-86414-718-0
ISBN E-Book (EPUB, Mobi) 978-3-86414-719-7

Weitere Informationen zum Verlag finden sie unter
www.redline-verlag.de
Beachten Sie auch unsere weiteren Verlage unter
www.muenchner-verlagsgruppe.de

INHALT

Der Mensch

Ort

Technologie

Teil IV Ein digitales Bündnis für Arbeit in Deutschland

VORWORT

von Götz W. Werner

Ein befreundeter Unternehmer zeigte mir eines Tages seine Firma. Als er mich in sein Büro führte, sagte er: »Hier wird gedacht!« Die zahlreichen Arbeitsplätze seiner Mitarbeiter kommentierte er mit: »Und dort wird gemacht.«

Diese Begebenheit ist schon einige Jahre her, aber sie kam mir sofort in den Sinn, als ich das Manuskript von Elke Frank und Thorsten Hübschen zu diesem Buch las. Mein Erlebnis veranschaulicht einen Zeitgeist, der der Vergangenheit angehört, als ein Chef seinen Mitarbeitern noch sagte, was sie tun sollen. Für einen jungen Menschen, der erst seit einigen Jahren Einblick ins Wirtschaftsleben hat, klingt diese Anekdote wie eine Geschichte aus einer anderen Epoche. Tatsächlich liegt das Erlebnis nicht einmal zwanzig Jahre zurück.

Entwicklung ist ein diskontinuierlicher Prozess, der irreversibel in der Zeit verläuft – insofern sind Entwicklungssprünge nicht überraschend, und doch bleibt die Frage, wie Unternehmen auf die neue Situation antworten können. Wesentlich für die heutigen Verhältnisse ist: Individualismus und Autonomie sind keine Begriffe mehr, mit denen sich nur Soziologen beschäftigen, sondern Realität in jedem erfolgreichen Unternehmen.

Ein Unternehmen, in dem nur in der Geschäftsführung »gedacht« wird, kann den Anforderungen der Zeit nicht mehr gerecht werden. Die Verhältnisse ändern sich beständig, sodass »Wissen kontinuierlich revidiert, permanent als verbesserungswürdig angesehen« werden muss, um es mit Worten aus diesem Buch zu beschreiben. Eine Folge ist, dass heute jeder Einzelne situative Geistesgegenwart benötigt, um Aufgaben bewältigen zu können. Man greift sinnbildlich schnell daneben, wenn man Antworten oder Methoden von gestern tradieren, perpetuieren oder repetieren will, ohne sie zuvor zu hinterfragen und gegebenenfalls umzudenken. Unternehmen sind heute nur so erfolgreich wie die Menschen darin. Je mehr Menschen in einem Unternehmen selbst erkennen, worauf es ankommt, und dann eigeninitiativ tätig werden, umso unternehmerischer ist das Unternehmen.

Was mich an diesem Buch überzeugt hat, ist erstens, dass die beiden Autoren dieses Zeitphänomen aufgreifen und treffend benennen – mit dem von Peter F. Drucker geprägten Begriff Wissensarbeit:»Wissensarbeiter agieren autonom und managen sich selbst, sie definieren ihre Aufgaben selbst.« Vor diesem Hintergrund leuchtet jedem ein, warum moderne Führung stets zur Selbstführung anregen will. Führung ist heute nur noch legitim, wenn sie die Selbstführung der anvertrauten Mitmenschen zum Ziel hat.

Zweitens, dass sie die zahlreichen Facetten dieses Zeitphänomens wie»Führen heißt dienen« oder»Wer bin ich für euch? Nur Arbeitskraft? Oder auch soziales Wesen?« klar und pointiert beschreiben. Eine Facette, die mir persönlich sehr am Herzen liegt, wird im Kapitel 14 behandelt:»Wir müssen die Work-Life-Balance verbessern? Nein. Müssen wir nicht. Wir müssen Leben und Arbeiten neu organisieren. Eine Trennung der beiden Welten sollte nicht das Ziel sein.«

Die Begriffe Arbeitszeit und Freizeit sind irreführend. Denn letztendlich ist es immer die eigene Lebenszeit, um die es geht. Und Lebenszeit ist eine sehr knappe Ressource, mit der jeder Mensch so umgehen sollte, dass er am Ende seines Lebens sagen kann: Das war sinnvoll! Je mehr Wissensarbeiter es gibt, je mehr Menschen die Verhältnisse hinterfragen, umso

mehr Menschen wird klar, dass es für einen Lebensunternehmer, der seine eigene Biografie aktiv gestaltet, Sirenengesang
ist, in Kategorien von Arbeitszeit und Freizeit zu denken.

Überhaupt ist der Begriff »Balance« eine Blendgranate, die
vom Wesentlichen ablenkt. Im Leben geht es nicht um Balance – wer arbeitet, kann sich nicht gleichzeitig um seine Familie
kümmern –, sondern stets darum, einander naturgemäß
widersprechende Pole in einen gesunden Rhythmus zu bringen. Es ist wie beim Atmen: Wer nur einatmet, stirbt, wer nur
ausatmet, stirbt ebenso. Ein Unternehmen, das nur Kostenma-
nagement betreibt, ist genauso zum Scheitern verurteilt wie
ein Unternehmen, das beständig investiert. Im Rhythmus zwischen diesen Polen liegt die Kraft! Wer den für ihn angemesse-
nen Rhythmus zwischen einander ausschließenden Aufgaben
findet, der ist erfolgreich.

Drittens hat mich überzeugt, dass die Autoren dieses Buches
bei ihren persönlichen Erlebnissen und Beobachtungen nicht
von ihrer Perspektive abkommen – nämlich einer Perspektive, die den Menschen im Blick hat. Diese Perspektive ist heute
nicht selbstverständlich. Wer den Wirtschaftsteil einer Zeitung
liest, meint, die Menschen seien für die Wirtschaft da. Fakt ist:
Es ist genau umgekehrt, denn ohne Menschen gäbe es keine Wirtschaft. Die Menschen sind nicht das Mittel, sondern
der Zweck der Wirtschaft. Und die wichtigsten Menschen für
ein Unternehmen sind die Mitarbeiter. Sie verbinden sich mit
dem Unternehmen. Wenn es nicht gelingt, ihnen zu vermitteln, worauf es ankommt, braucht man es bei anderen Menschen erst gar nicht zu versuchen.

Die im Titel selbst gestellte Aufgabe »Warum wir die Arbeit neu
erfinden müssen« beleuchten die beiden Autoren auf eindrucks-
volle Weise. Mit ihrer Forderung nach einem gesellschaftlichen

Diskurs, um ein »neues Verständnis von Arbeit zu entwickeln«, treffen sie den Nerv der Zeit. Denn die überlieferten Vorstellungen von Arbeit passen nicht mehr zur Wirklichkeit. Eine Auseinandersetzung mit diesem Thema ist dringend nötig.

Die aktuelle Entwicklung hin zu mehr Wissensarbeit eröffnet Chancen, aber wie vermeiden wir die Theoriefalle und nehmen uns – wirklich alle! – als geistig göttliche Wesen wahr? Oder wie Goethe schreibt:

Wer will was Lebendigs erkennen und beschreiben,
Sucht erst den Geist herauszutreiben,
Dann hat er die Teile in seiner Hand,
Fehlt, leider, nur das geistige Band.

Wissensarbeit birgt neue Chancen: die Möglichkeit, dass immer mehr Menschen Arbeit als Lebensinhalt begreifen – wobei jede Tätigkeit für einen anderen als Arbeit anerkannt werden muss, unabhängig davon, ob und wie gut sie bezahlt wird. Das Einkommen benötigen wir, um leben zu können, die Arbeit, um uns entwickeln zu können. Wenn das gelingt, wird der Arbeitsplatz zum Lebensschauplatz – zu einem Teil der eigenen Biografie, den jeder als Lebensunternehmer selbst gestaltet.

Götz W. Werner

Stuttgart, im Frühling 2015

EINLEITUNG

Die Frage kommt immer. Sie kommt ganz selbstverständlich im Bewerbungsgespräch. Jede Bewerberin, jeder Bewerber fragt uns heute: Wie halten Sie es mit dem flexiblen Arbeiten? Kann ich mein Leben, meine Familie mit dem Beruf vereinbaren? Das machen übrigens nicht nur jüngere Bewerber, auch die älteren. Jeder, wirklich jeder will wissen: Wer bin ich für euch? Nur »Arbeitskraft«? Oder auch soziales Wesen?

Wer darauf als Arbeitgeber heute keine Antwort hat, sieht alt aus – und das im wahrsten Sinne des Wortes. Bis zum Jahr 2025 geht das Potenzial der Erwerbsfähigen in Deutschland um 3,6 Millionen auf 41,1 Millionen Menschen zurück. Langfristig fehlen 6,5 Millionen Arbeitskräfte. Zudem sinkt die Zahl der Menschen im erwerbsfähigen Alter von heute rund 50 Millionen bis zum Jahr 2050 auf 26,5 Millionen.

Uns gehen die Arbeitskräfte aus. Der demografische Wandel verändert den Arbeitsmarkt des 21. Jahrhunderts. Die Zahl der Arbeitnehmer sinkt, der Bedarf an Fachkräften steigt weiter an. Ingenieure, IT-Fachkräfte und auch Mediziner werden dringend gesucht. Unternehmen müssen ihren Bewerbern künftig deshalb mehr bieten als Gehalt und Stelle, mehr als Sicherheit und Chancen. Es geht um Lebensqualität. Und Lebensqualität heißt: gutes Arbeiten, heißt: flexibles Arbeiten.

Doch das ist nur ein Teil der Geschichte.

Parallel erleben wir eine digitale Revolution, deren Ende wir längst nicht absehen können. Wir sehen, wie der Online-Handel das Kaufverhalten der Menschen massiv verändert hat (inzwischen liegt der Umsatz beim Online-Handel allein in Deutschland bei mehr als 42 Milliarden Euro). Wir sehen, wie die sozialen Netzwerke eine völlig neue Form der Kommunikation geschaffen haben. Vier von fünf Internetnutzern in Deutschland sind in einem sozialen Netzwerk angemeldet, und viele pflegen ihren Austausch inzwischen auf der digitalen Ebene.

Wir sehen und registrieren das – wollen aber doch nur recht zaghaft wahrhaben, dass die neuen Technologien auch die Art und Weise der Arbeit und der Zusammenarbeit revolutionieren werden.

Bei der Debatte um die Arbeit der Zukunft ist es allerdings immer wieder erstaunlich, dass der Wandel in der Arbeitswelt mit Rezepten der Vergangenheit gemeistert werden soll. Denn das wird nicht mehr ausreichen. Wir brauchen vielmehr ein grundlegend neues Bild von Arbeit – nicht nur, um Bewerbern eine Stelle schmackhaft zu machen. Ein neues Verständnis von Arbeit ist vielmehr das Fundament für den Aufbruch in die digitale Gesellschaft. Wir werden die Digitalisierung nur meistern können, wenn wir uns von althergebrachten Vorstellungen von Arbeit lösen.

Wir, und damit sind sowohl Unternehmen als auch jeder Einzelne gemeint, müssen neue Wege einschlagen, wenn wir die Fähigkeiten und Interessen der Menschen mit den Interessen und Zielen eines Unternehmens vereinbaren wollen.

 Deshalb verstehen wir dieses Buch auch als so etwas wie einen Reiseführer, als einen Navigator in die Arbeitswelt von morgen. Und zwar in erster Linie für Wissensarbeiter. Uns ist bewusst, dass der Begriff »Arbeit« auch Handwerker, Industriearbeiter, Verkäuferinnen und andere Dienstleister mit einschließt. Wir haben dieses Buch jedoch in erster Linie mit der Absicht verfasst, die Büroarbeit der Zukunft neu zu definieren. Aus einem einfachen Grund: In Büros kennen wir uns aus.

Wir, das sind Elke Frank und Thorsten Hübschen. Wir sind Führungskräfte beim Technologiekonzern Microsoft, und wir erleben den Wandel in der Arbeitswelt hautnah bei uns im Unternehmen. So haben wir bei Microsoft Deutschland seit geraumer Zeit die Präsenzpflicht aufgehoben. Keiner muss ins Büro. Jeder hat die Wahl: Will ich heute lieber zu Hause, im Park oder doch am Schreibtisch in München arbeiten? Es wurde offensichtlich: Wir können Menschen nicht länger an einen Ort binden und von ihnen ihre Arbeits- und Schaffenskraft einfordern, ohne ihnen eine angemessene und individuelle Arbeitsumgebung zu schaffen. Und das aus einem einfachen Grund: Bei uns arbeiten größtenteils sogenannte Wissensarbeiter.

Wissensarbeiter, das hat die Beraterlegende Peter F. Drucker schon Mitte des vergangenen Jahrhunderts erkannt, »agieren autonom und managen sich selbst, sie definieren ihre Aufgaben selbst – und: Sie sind keine Arbeitskräfte, sondern das Kapital der Firma«.

Drucker war es auch, der den Begriff »Wissensarbeiter« geprägt hat – und erst heute wird allmählich klar, wie relevant die Drucker'schen Einschätzungen für die Arbeitswelt von morgen sind. Noch zu wenig wird Wissensarbeitern die Wertschätzung zuteil, die angebracht wäre. In vielen Unternehmen sind Wissensarbeiter noch starren Regeln und strengen Hierarchien unterworfen – ein Klima, in dem Kreativität und Innovation nicht immer gedeihen können. Auch deshalb forcieren wir einen Wandel – nicht ohne auf die andere Seite der Medaille zu verweisen.

Denn es wäre zu kurz gedacht, die Mitarbeiter einfach von der Leine zu lassen nach dem Motto: Seht mal zu, wie ihr zurechtkommt, ihr seid ja alle so schlau, und nächsten Monat sehen wir uns wieder. Oder übernächsten. Das wird so nicht funktionieren. Voraussetzung für ein Gelingen des neuen Arbeitens ist das konsequente Führen nach Zielen. Ohne konkrete, individuell ausgehandelte und vor allem auch messbare Ziele wird das flexible Arbeiten scheitern. Darin steckt die eigentliche Herausforderung beim Wandel der Arbeitswelt.

Wir bei Microsoft gehen daher einen sehr konsequenten Weg. Gerade wegen der Aufhebung der Präsenzpflicht fühlen wir uns verpflichtet, Ziele genauer zu formulieren. Wir prüfen nicht nur einmal pro Jahr die Zielvorgaben, wie das in vielen Unternehmen üblich ist, sondern konkretisieren die abgestimmten Ziele mindestens einmal im Quartal. Flexibles Arbeiten sollte auf einer gesunden Mischung aus Vertrauen, Kommunikation und Zielvereinbarung basieren. Wie sich das vereinbaren lässt, werden wir in diesem Buch darlegen.

Klar ist: Die Kollegen wissen selbst, wie sie ihre Arbeit sinnvoll und zum Wohl (und Erfolg) des Unternehmens verrichten. Sie sind in der Tat selbst in der Lage, gute Entscheidungen zu treffen. Wir vertrauen ihnen da auf ganzer Linie und haben uns daher konsequent vom Glauben gelöst, Mitarbeiter eng kontrollieren zu müssen.

Wir müssen sie achten und wertschätzen. Aber wir müssen ihnen die Wahl lassen – denn sie wissen, was sie tun. Das ist der erste Schritt in die Arbeitswelt von morgen: Gute Führungskräfte behandeln ihre Mitarbeiter wie erwachsene Menschen, die in der Lage sind, Entscheidungen zu treffen. Damit wollen wir auch beispielgebend sein.

Denn flexibles Arbeiten, auch »Smart Working« oder »New Way of Work« genannt, das ist keine PR-Veranstaltung, bei der man sich als Unternehmen profilieren kann, oder gar eine Zierde unter dem Motto: »Wenn alle nett sind, sage ich zu ihnen: Arbeitet doch heute alle mal im Park!« Wer sich mit solchen Incentives zufrieden gibt, bleibt aus unserer Sicht auf halber Strecke stehen. Das sind nämlich nur Kompromisse, kleine, gut wirkende Ergänzungen, die aber knapp am Problem vorbeizielen. In Wahrheit geht es um die Art des Arbeitens, geht es um DIE ARBEIT.

Wir werden in Zeiten der Digitalisierung die Art, wie wir als Menschen miteinander Dinge tun, grundlegend ändern müssen. Wir müssen die Arbeit neu erfinden – um die zukünftigen Herausforderungen zu meistern.

Für Microsoft führt der Weg in die neue Arbeitswelt über drei Aspekte:

- Menschen

- Orte

- Technologien

Nur wem es gelingt, diese drei Faktoren sinnvoll und mitarbeitergerecht zu verbinden, kann die nächste Station auf dem Weg in die neue Arbeitswelt in Angriff nehmen.

Das Problem ist, dass die »Arbeit« zu Beginn des 21. Jahrhunderts in Deutschland noch zutiefst von Denkweisen und Strukturen des Industriezeitalters geprägt ist, obwohl mittlerweile die Mehrzahl der deutschen Arbeitnehmer in Nicht-Fertigungsjobs arbeiten und so etwas wie »Routine« bei den meisten Jobs kaum mehr gegeben ist. Trotzdem denken wir: Arbeit ist immer noch irgendwie Fabrikarbeit – Tag für Tag, Stein auf Stein –, nur eben jetzt in modernen Wissens- und Verwaltungsfabriken, den Büros. Im Grunde eben immer noch ein maschinelles Herstellen von irgendetwas.

Dabei hat die Digitale Revolution längst den Schwerpunkt verschoben, viele klassische Arbeitsschritte in Büros und Geschäften weitgehend automatisiert. Die Betonung liegt künftig eher auf der sogenannten Interaktionsarbeit, auf austauschbasierten Kooperationen mit anderen – ganz gleich über welche Kanäle.

Doch nicht nur die Arbeit ändert sich, auch die Wertschätzung und Definition von Leistung wandelt sich. Auch familiäre »Leistung« sollte von Unternehmen honoriert werden. Wer eine Familie gründet und spürt, dass sein Arbeitgeber dies als Makel betrachtet, wird weder motivierter noch leistungsbereiter.

Dieses Buch zeigt nicht nur auf, wie Arbeit und Familie künftig besser vereinbart werden können, es gibt auch Anregungen, wie die Neuorganisation von Leben und Arbeiten gelingen kann, und erklärt, warum Vertrauen neben der Technologie die entscheidende Währung der künftigen Arbeitswelt ist. »Ich vertraue meinen Mitarbeitern, ich bin überzeugt, dass sie wissen, was richtig ist« – das wird die unternehmerische Grundhaltung der nächsten Jahre.

Denn die neue Arbeitswelt, die »New Work Order«, ist keineswegs ein Mythos. Sie ist auch kein Trendsport junger Hipster oder Selbstdarsteller. Auch die viel beschriebene Generation Y (oder die schon in den Startlöchern sitzende Generation Z) mag sicher klassische Werte anstreben, auch sie will Familien gründen, gute Arbeit leisten, Zeit für sich und ihre Interessen. Doch ihr Verständnis von Arbeit, von Arbeitszeit, von Arbeitsumgebung scheint deutlich von bisherigen Vorstellungen abzuweichen.

Deshalb gehen wir in diesem Buch einen gewagten Schritt: Wir blicken ins Büro. In jene Büros in diesem Land, die immer noch geprägt sind durch Denkweisen und Erfolgsrezepte der industriellen Revolution und des Taylorismus. Die Büros, die immer noch organisiert sind wie maschinelle Papierverarbeitungszentren – in denen aber inzwischen mehr als 50 Prozent Wissensarbeiter sitzen, die alles andere benötigen als eine straff organisierte Legehennenhaltung.

Wir werden zeigen, wie der Abschied von der Legehennenhaltung im Büro gelingt. Welche Führungsqualitäten heute gefordert sind, um ein verstreut arbeitendes Team zusammenzuhalten und zu motivieren – und wie eine neue Synchronisation von Leben und Arbeit umzusetzen ist, auch auf technologischer Ebene. Nicht zuletzt scheint es uns elementar wichtig zu zeigen, wie der einzelne Mitarbeiter mit dieser neuen Freiheit umgehen und wie sich Selbstorganisation gestalten kann.

Wir werden kritisch beleuchten, was es heißt, die Mitarbeiter sich selbst zu überlassen – und welche Konsequenzen, aber auch Probleme und Nachteile das mit sich bringt. Wir beziehen klar Position und lassen auch die Arbeitgeber nicht aus dem Blick. Microsoft hat vor dreißig Jahren die Büroarbeit revolutioniert. Was bis dahin Papier, Stift und Formular waren, wurde abgelöst von Software. Damals wurden im wahrsten Sinne des Wortes Fenster aufgestoßen, und seit damals ist in den Büros nichts mehr so wie vorher.

Nun stehen wir wieder an einem Wendepunkt. Wieder ist es die Technologie, die uns neue, diesmal individuelle Arbeitsrhythmen schaffen wird. Das geht nicht nur uns bei Microsoft oder in der restlichen IT-Industrie etwas an, das wird viele Unternehmen betreffen – und wir verstehen das auch als Appell an die Politik.

Eine »Digitale Agenda«, wie sie die Bundesregierung ausgelobt hat, ist ein wichtiger Schritt. Aber »Digitale Agenda« heißt mehr als nur Netzausbau oder das Verlegen von Breitbandkabeln. Wir brauchen ein umfassendes Konzept mit einem digitalen Bündnis für Arbeit, für den »New Way of Work«, denn dieser neue Weg bedeutet eben auch: Out of Office.

Nach der Lektüre dieses Buches wissen Sie, warum wir eine fundamentale Neugestaltung unserer Arbeitswelt brauchen, wie eine neue Arbeitswelt konkret aussehen kann und wie Unternehmen sie Schritt für Schritt realisieren können. Wir schauen uns an, welche Erfahrungen Vorreiterunternehmen dabei bereits gemacht haben und warum ein gesamtgesellschaftliches Bündnis für Arbeit in Deutschland notwendig ist – damit die digitale Transformation, der wichtigste Schritt in die Arbeitswelt der Zukunft, gelingt.

TEIL I

WIR WISSENS-
ARBEITER

1. NICHT MAL EINEN PARKPLATZ
AN IHREM ERSTEN TAG BEI MICROSOFT HAT ELKE FRANK NOCH NACH PAPIER GESUCHT

Am Anfang war es ein Wort. Das eine Wort, das mich irritierte. Ich stand an meinem ersten Tag im Sommer 2013 am Empfang von Microsoft in München. Nachdem ich dreizehn Jahre in verschiedenen Konzernen gearbeitet hatte, sollte ich nun als Personalchefin bei Microsoft Deutschland einsteigen.

Ich sagte, wer ich bin – und die junge Frau am Empfang verwendete prompt dieses irritierende Wort: »du«. Der erste Touch-Point mit dem Unternehmen – und gleich »du«. Sie hat mich von Anfang an geduzt. Ich war die Elke. Ich war jetzt im Team, ich war eine Duz-Kollegin, obwohl wir uns noch nie zuvor gesehen hatten.

Und so ging das weiter. Auch alle anderen duzten mich, wohin ich auch kam: »du«. Im Grunde war das eine der größten Umstellungen: Jeder duzt jeden. Hierarchien sind dabei egal, es wird rauf und runter geduzt.

Nun ist es ja nicht so, dass man sich in anderen Unternehmen nicht auch duzt, vor allem, wenn man länger zusammenarbeitet. Aber bei Microsoft macht es eben jeder. Von da an duzte ich auch. Manchmal duzte ich Kunden und externe Dienstleister, und manchmal fiel ich in der Abteilung wieder ins Sie. Inzwischen bin ich aber eine gute Duzerin und habe erkannt, dass Offenheit zu Offenheit einlädt und dass das Duzen ein wichtiger Schritt zu mehr Offenheit und auch zu mehr Teamgeist ist.

Der Blick auf die Hauswand

Das »Du« war die eine Herausforderung, mein Arbeitsplatz die nächste. »Hier, Elke, das ist dein Platz.« Ein Schreibtisch in einem großen Raum. Und der Raum gefüllt mit weiteren Schreibtischen. Was für ein Anblick!

Aus dem einen oder anderen Unternehmen kennen wir das: Wie wichtig einer ist, erkennt man an der Größe seines Schreibtischs, an der Größe seines Büros und ob er aus seinem Fenster auf Wälder oder die Skyline blicken darf oder eben auf die nächste Hauswand. Schreibtische und Büros, und natürlich die Größe von Schreibtischen und die Quadratmeterzahl von Büros, sind wichtige Insignien der Bürohierarchie.

Nicht so bei Microsoft.

Wir von der Geschäftsführung sitzen alle in einem Raum. Der Christian zum Beispiel, der sitzt schräg gegenüber. Christian Illek war mein Chef, war Microsoft-Deutschland-Chef, er ist inzwischen Personalvorstand der Deutschen Telekom AG. Für jemanden, der wie ich ein paar Jahre in klassischen deutschen Unternehmen zugebracht hat, ist das ein bisschen ein Kulturschock: Da sitzt der Chef in einem großen Raum mit vielen anderen, und sie nennen es Open Space. Aber so ist das hier: »du« und »Open Space«. Man braucht allerdings nicht lange, um zu erkennen, dass beides von Vorteil ist.

Kein Blog – ein Block!

Ja, und dann fehlte mir etwas an meinem ersten Tag. Ich benötigte einen Block, einen normalen Schreibblock. Wie gewohnt wollte ich mir notieren, was meine Aufgaben umfasst, worüber ich Bescheid wissen müsste, wie ich mich einlogge, welches Passwort ich brauche, all diese Dinge, diese normalen Dinge, die man braucht in einem neuen Unternehmen und die man sich schnell handschriftlich notieren möchte.

Meine Assistentin war sehr freundlich und hilfsbereit, sie wollte mir gerade am ersten Tag wirklich alles ermöglichen. Ich sollte es ja gut haben, mich wohl fühlen.»Klar, Elke!« Aber einen Block? Aus Papier? Und einen Stift? Sie blickte etwas ungläubig. Ich dachte damals noch, das sei ein bescheidener Wunsch, so ein Block. In ihr fragendes Gesicht sagte ich: Nein, keinen Blog, einen Block, ein Block aus Papier. Sie machte sich also auf den Weg. Sie wollte mir helfen, irgendwie der Elke helfen. Und irgendwo in der Deutschland-Zentrale von Microsoft in Unterschleißheim müsste doch ein Papierblock zu finden sein.

Sie war eine Weile unterwegs.

Schließlich kam sie strahlend zurück, sie habe etwas gefunden: ein Notizbuch, DIN-A 5, mit unbeschriebenen Seiten. Ich war dankbar, sie war froh. Und ich dachte: Alle duzen sich, alle sitzen in einem Raum, ich habe jetzt ein Notizbuch, bin Personalchefin bei Microsoft und muss aber vor allem noch lernen, was dieses Personal hier ausmacht – und warum Papier nicht die Lösung ist.

Übrigens: Auch Mappen sind keine Lösung. Meine lieben, so vertrauten Mappen, die treuen und zuverlässigen Begleiter durch mein Berufsleben. Büromappen, in die Dokumente sortiert werden, die man sich»auf Wiedervorlage« legt, die für sich genommen ein erstaunliches Mappensystem darstellen, die Krone des Büroalltags, eine der wichtigsten Errungenschaft mitteleuropäischer Bürokunst.

Aber: Mappen ist nicht.

Einen Block konnte sie auftreiben, da gab es Verständnis. Aber als ich am ersten Tag nach Mappen verlangte, schien das Maß voll. Das gab es beim besten Willen nicht, nirgends im ganzen Haus. Mappen ließen sich nicht auftreiben bei Microsoft. Und vermutlich hätte auch keiner meiner neuen Kolleginnen und Kollegen gewusst, was sie mit diesen Mappen machen sollen.

Also habe ich mich gedanklich und auch ganz konkret vom Mappensystem verabschiedet. Und das gleich am ersten Tag.

Technik kann alles – außer parken

Auch wenn ich mich die ersten Tage fühlte, als sei ich von einem fernen Planeten angereist und würde noch mit der Wählscheibe telefonieren, dauerte es nicht lange, bis ich verstand, wie klar und präzise sich der Büroalltag organisieren lässt, wenn man die moderne Technik einsetzt. Bis zu meiner Microsoft-Zeit habe ich durchaus anerkannt, dass Laptops wichtig sind, ohne sie geht es nicht – aber es hat einige Zeit gedauert, bis ich entdeckte, was alles in ihnen steckt und wie viel mehr man damit machen kann. Mein Mann ist immer wieder erstaunt, wie souverän ich inzwischen mit der Technik umgehe und vor allem wie schnell. Er meint, früher sei ich eher nicht so gewesen.

Heute weiß ich, wie sehr gerade Vertrauensarbeit von der Technologie profitiert. Es geht nicht anders. Wenn ich meinen Mitarbeitern etwas zutraue, wenn ich sie wie Erwachsene behandele, nicht wie Untergebene – und wenn ich, wie Microsoft es im vergangenen Jahr getan hat, die Präsenzpflicht aufhebe –, dann brauche ich die Technologie, die genau dies alles ermöglicht. Und das sage ich nicht nur, weil ich seit einigen Monaten vor der Microsoft-Zentrale parke, um dort zu arbeiten.

Wobei – das mit dem Parken ist ja auch so eine Sache. Wenn ich morgens später reinkomme, habe ich keine Chance auf einen guten Parkplatz. Denn auch das ist Microsoft: Die Geschäftsführung hat keine reservierten Parkplätze vor dem Unternehmensgebäude. In anderen Firmen ein Heiligtum: der Parkplatz des Chefs. Bei Microsoft in München parkt jeder, wo er will. Und wer um 10 oder 11 Uhr kommt, muss sehen, wo er bleibt. Dabei ist es kein Problem, um 10 oder 11 oder auch 12 Uhr anzurücken. Ich habe es noch nie erlebt, dass ich gefragt wurde:»Wo kommst du denn jetzt erst her?«, wenn ich gegen 11 Uhr komme.

Niemand fragt:»Elke, hast du die Zeitumstellung verpasst?«, oder:»Ist dein Wecker kaputt?« Diese vermeintlich witzigen Fragen habe ich in meiner Zeit bei Microsoft noch nie gehört. Es gibt nicht diese Mentalität des Auf-den-anderen-Achtens, dieses Misstrauen, meine Kollegin könnte sich vor der Arbeit drücken, also muss ich ein Auge darauf haben – oder ihr zumindest ein schlechtes Gewissen bereiten. Das funktioniert nicht bei Microsoft.

Wer um 18 Uhr nach Hause geht, muss nicht hören:»Was, hast du einen halben Tag Urlaub genommen?« Diese leicht vergifteten Scherze, die in einem Klima der Angst immer funktionieren, verpuffen in einem Klima des Vertrauens. Wer eine Auszeit braucht, nimmt sich die Auszeit, wer früher geht, später kommt, zu Hause arbeitet, seine Kinder in die Kita bringt oder im Café gerade ein Projekt bespricht – der wird seine Gründe haben. Der tut es nicht, um die Firma zu schädigen, der führt nichts Böses im Schilde. Und der muss sich nicht ständig rechtfertigen.

Allein dass es diesen Rechtfertigungsdruck nicht gibt, macht schon viel aus für ein gutes Betriebsklima. Die Firma weiß, dass man einen guten Gedanken auch bekommt, wenn man auf der Terrasse sitzt oder im Zugabteil. Und wenn es sich mit den anderen aus dem Team koordinieren lässt, kann jeder beispielsweise bei der Telefonkonferenz dabei sein – auch wenn er gerade auf dem Weg zum Zahnarzt ist.

Das ist bekannt, das können andere auch, aber es ist weiter gedacht. Es kommt nicht darauf an, wie lange ich irgendwo sitze, sondern was ich am Ende auf die Beine stelle. Das Ergebnis zählt, nicht das Sitzfleisch. Die bloße Anwesenheit ist kein Indikator für die Qualität der Arbeit.

Oder anders ausgedrückt: Man behandelt seine Mitarbeiter wie Erwachsene. Wie erwachsene Menschen, die wissen, was sie tun. Man vertraut ihnen. Eigentlich ist das eine Selbstverständlichkeit. Aber bei uns ist es gelebte Unternehmenskultur: Es geht nicht darum, ein Klima der Angst zu erzeugen, in dem der eine auf den anderen schielt und sich einen Vorteil erhofft, wenn er um 22 Uhr dem Chef auf dem Gang begegnet, von wegen: Sehen Sie mal, wie lange ich arbeite, wie ich mich hier aufreibe, und die Frau Frank aus der Personalabteilung, die ist schon wieder weg, hat die nichts zu tun, die ist letzte Woche immer schon so früh gegangen …

Das mag keiner. Das will keiner.

Ich habe bei Microsoft früh erkannt: Man vertraut mir. Ich erlebe echte Wertschätzung, nicht nur in Sonntagsreden oder auf Betriebsversammlungen. Und die größte Wertschätzung ist: Wir glauben, dass du weißt, was du tust, deshalb müssen wir dich nicht ständig kontrollieren.

Weil das für jeden gilt, ganz gleich in welcher Hierarchiestufe, belebt es den Teamgeist. Was soll ich sagen: Ich kenne eine

Reihe anderer Firmen, und viele fortschrittliche Firmen in der ganzen Welt sind dabei, neue Arbeitsformen zu entwickeln oder die Präsenzkultur auf den Prüfstand zu stellen. Doch in einigen Punkten sehe ich die anderen noch nicht so konsequent, nicht so mutig. Vor allem ist der Teamgedanke wohl in wenigen Unternehmen so verinnerlicht, so Teil der Firmen-DNA, wie ich das bei Microsoft erlebe.

Hier gibt es zahlreiche Freundschaften im Beruf, hier fühlt man sich wirklich als Mannschaft. Die Mitarbeiter werden neben ihren beruflichen Qualifikationen immer auch danach ausgewählt, wie sehr sie bereit sind, offen zu sein, Fehler einzugestehen, wie sie mit Menschen umgehen, ob sie in der Lage sind, sich zurückzunehmen im Team, und wie selbstbewusst sie sind, um ihre Rechte und Anliegen vorzutragen. Denn das dürfen sie.

Wer muss alles ins CC: gesetzt werden?

In vielen Unternehmen haben Führungskräfte kleine Hürden aufgebaut. Es gibt die Sekretärin, die Anrufe entgegennimmt, sie koordiniert auch die Mails. Und wenn der Angestellte eine Frage an den Chef hat, gilt es eine Reihe von Hierarchiestufen zu durchlaufen. Bei uns werden alle direkt angemailt, Chef oder Entwickler oder Personalchefin. Wer eine Frage hat, mailt, chattet oder blogt.

Nun mag man denken: Jeder mailt – das ist doch der Kommunikations-GAU, das führt doch zum Dauer-Mailen, zum Dauer-Beantworten. Das ist doch genau das, was zu Stress und Erschöpfung führt.

Das tut es nicht. Weil es ein Unterschied ist, jemand direkt anzumailen – oder der CC:-Krankheit zu verfallen und jeden an der Nachricht teilhaben zu lassen, nur um sich abzusichern. Es ist auch eine Frage des Vertrauens.

In meiner Zeit bei Microsoft habe ich nicht mit allen Traditionen gebrochen. Über den Verlust meiner Mappen bin ich hinweg, habe erkannt, wie sinnvoll und effektiv es ist, wenn man mit digitalen Produktivitätstools wie OneNote arbeitet, die Dokumente für alle zugänglich und transparent machen. Die anderen können mitdiskutieren, mitkommentieren, können sich austauschen. Wenn vieles offengelegt wird, sinkt die Lust am Tricksen, an der Heimlichtuerei – auch nicht das Schlechteste für das Betriebsklima. Es ist ja nicht verboten, morgens ganz real zu den Kolleginnen und Kollegen hinzugehen, einen guten Morgen zu wünschen, nach dem Wochenende zu fragen oder nach dem, was heute ansteht. Wir haben ja nicht den zwischenmenschlichen Kontakt abgeschafft, wir wissen nur, dass dieser Kontakt darüber hinaus auch effizient auf digitaler Ebene ablaufen kann.

Wichtig ist, dass Kontakt immer möglich ist. Es gibt nicht dieses Grübeln, das Abwägen, das Zweifeln, wenn man Führungskräfte mit einem Anliegen behelligen will. Das ist eben Vertrauenskultur, und die erreicht man, wenn man Mitarbeiter nicht als maschinengleich funktionierendes Eigentum betrachtet, sondern als eigenständige und eigenverantwortliche Wesen, die nicht alles perfekt machen, die aber im entscheidenden Augenblick die richtige Idee haben.

Es beginnt mit einem Du

Das hat sich alles herumgesprochen. Auch dass wir Freizeitangebote für unsere Mitarbeiter machen. Es gibt auf dem Firmengelände ein Fitnessstudio, das von 6 bis 23 Uhr geöffnet hat, es gibt einen Familienservice, nicht nur zur Kinderbetreuung, sondern auch im Pflegefall, wenn man sich um Eltern kümmern muss. Denn auch das gehört dazu, wenn man seine Mitarbeiter ernst nimmt: Sie können nur gut arbeiten, wenn ihr Umfeld in Ordnung ist.

Und weil das alles gerade auch bei Kunden auf großes Interesse stößt, werde ich immer häufiger gebeten, über unser Modell zu sprechen. Mindestens einmal in der Woche besuche ich andere Firmen und rede über unsere besondere Arbeits- und Unternehmenskultur. Vor allem seit wir die Präsenzpflicht aufgehoben haben, wollen andere Unternehmen wissen, wie wir das regeln, wie es trotzdem zu Ergebnissen kommt, und die Antwort ist meistens: Vertrauen. Und auch wenn es für mich eine immense Umstellung war, aber das Vertrauen beginnt mit einem Du.

Was ist heute noch Routine?

Das Du ist Zeichen von Vertrauen und Nähe, vielleicht auch ein Zeichen einer neuen Arbeitskultur, die weniger auf Hierarchien setzt, sondern auf die bestmögliche Organisation von einer Arbeit, die immer weniger mit dem zu tun hat, was wir immer noch im Kopf haben, wenn wir »Arbeit« sagen.

Wir erleben derzeit eine tief greifende Veränderung der Arbeitswelt, und man hat das Gefühl, dass dieser Wandel in Deutschland noch nicht so recht wahrgenommen wird. Es scheint vielen noch nicht bewusst zu sein, wie die fortschreitende Digitalisierung das Leben und Arbeiten weiter umkrempeln wird. In den USA hat man bereits vor zehn Jahren registriert, dass es mehr Menschen gibt, die Nichtroutinearbeit verrichten, als Menschen, die Routinearbeit leisten.

Das heißt: Wenn die Zahl der sogenannten Wissensarbeiter ansteigt, wenn es die Wissensarbeiter sind, die für die Wertschöpfung eines Unternehmens verantwortlich sind – dann sollte die Arbeit an die Bedürfnisse der Wissensarbeiter angepasst werden.

2. »ES LIEGT ZWISCHEN DEN OHREN!«
WAS IST WISSENSARBEIT, UND WARUM GEHT ES NICHT MEHR OHNE?

Als man vor fünfundzwanzig Jahren von Zukunft sprach, drehte sich alles um einen Begriff: Information. Man sprach von der Informationsgesellschaft, von Information als Rohstoff, von den Informationsarbeitern. Die ersten erschwinglichen PCs kamen auf den Markt. In Unternehmen hielten Computer Einzug, auf einmal war der Austausch von Informationen auf einem neuen Kanal möglich. Informationen sollten die Industrieproduktion zwar nicht ablösen, aber entscheidend ergänzen.

Es waren die Informationen, die den Unterschied machten.

Die Welt befand sich auf dem Weg in eine Informationsgesellschaft, ein Ende der klassischen Industrieproduktion schien sich bereits abzuzeichnen. Ich, Thorsten Hübschen, bin ein Kind dieser Informationsgesellschaft. Ich bin darin großgeworden, bin ein Informationsarbeiter geworden – und doch kein Informationsarbeiter geblieben.

Denn heute dominiert ein anderer Begriff die Arbeitswelt: das Wissen. Mit dem Aufkommen des Internets wird offensichtlich: Mehr noch als die reine Information entscheidet der Zugang zu Wissen über den Fortschritt von Volkswirtschaften. Wissensarbeit ist in den vergangenen Jahrzehnten immer mehr zu einem Schlagwort geworden.

Wissen sorgt für Wachstum

Die Wissensarbeit ist jedoch nicht nur eine Orchidee, sie ist vielmehr ausschlaggebend für den Unternehmenserfolg. »Wirtschaftliches Wachstum kann nicht länger, wie das in der Vergangenheit meist der Fall war, durch mehr Beschäftigung – das heißt durch erhöhten Einsatz von Arbeitskräften oder durch gesteigerte Verbrauchernachfrage – erzielt werden«, sagte der legendäre Managementberater Peter F. Drucker. Allein durch eine drastische und fortgesetzte Steigerung der Produktivität der Ressource Wissen könne für weiteres Wachstum gesorgt werden, vor allem in den sogenannten hochentwickelten Industrieländern. »Nur bei Wissensarbeit beziehungsweise Wissensarbeitern verfügen die entwickelten Länder noch über einen komparativen Wettbewerbsvorsprung. Und daran wird sich wohl in den nächsten Jahrzehnten auch nichts ändern.«

Mehr Werden als Sein

Gemeinsam mit meiner Microsoft-Kollegin Elke Frank habe ich dieses Buch erarbeitet, weil uns bewusst ist, was früher Information und Informationsarbeit in den Büros war, sind heute Wissen und die Wissensarbeit. Und mit der Wissensarbeit hat sich alles geändert, oder besser, wird sich alles ändern müssen: das Arbeiten im Büro, das Arbeiten im Team, die Führung von Menschen.

Wissensarbeit ist keine Routinetätigkeit und kann es auch nicht sein, weil Wissensarbeit Grundlagen für Neues schafft – für neues Wissen.

Was genau ist Wissensarbeit?

Der Soziologe Helmut Willke definiert den Begriff folgendermaßen: »Wissensarbeit sind Tätigkeiten, die dadurch gekennzeichnet sind, dass das erforderliche Wissen nicht ein Mal im Leben durch Erfahrung, Initiation, Lehre, Fachausbildung oder Professionalisierung erworben und dann angewendet wird. Vielmehr erfordert Wissensarbeit im hier gemeinten Sinn, dass das relevante Wissen kontinuierlich revidiert, permanent als verbesserungsfähig angesehen, prinzipiell nicht als Wahrheit, sondern als Ressource betrachtet wird und untrennbar mit Nichtwissen gekoppelt ist, so dass mit Wissensarbeit spezifische Risiken gekoppelt sind.«

Wissensarbeit ist demnach eher ein Prozess, ein Werden, und weniger ein Sein. Sie besteht aus unserer Sicht darin, dass sie aus vorhandenen Informationen und Erfahrungen neues Wissen erzeugt. Voraussetzung für ein Gelingen der heutigen Wissensarbeit ist das auf Daten basierende Zusammenspiel von drei Elementen:

- Vertrauen

- Kontext

- Intuition

Gerade das Vertrauen ist dabei, zu einem zentralen Element der Ökonomie zu werden. Welcher Webseite kann ich vertrauen? Welche Quellen sind vertrauenswürdig? Inwieweit kann man »Followers«, »Freunde« oder »Kontakte« wirklich ins Vertrauen ziehen?

Zu den Zeiten unserer Großeltern war die Vertrauenswürdigkeit von Informationen stark durch die äußere Form der In-
formationsquelle bestimmt – was sprichwörtlich »schwarz auf
weiß« in der Zeitung stand, dem wurde im hohen Maße vertraut. Gleiches galt für viele Arten von Schriftstücken »mit Brief
und Siegel«.

In der digitalen Welt von heute kann die äußere Form kaum
noch etwas über die Vertrauenswürdigkeit einer Information aussagen. Nach einer Umfrage von TNS Emnid vertrauen
82 Prozent der Deutschen vor allem Aussagen von unabhängi-
gen Institutionen wie Stiftung Warentest, mit 72 Prozent direkt
gefolgt von Aussagen von Freunden und Bekannten. Weit
dahinter kommen die Printmedien mit 36 Prozent – und erst
danach Artikel im Internet mit nur 29 Prozent.

Vertrauen ist die Basis für Wissensarbeit, ist eine Währung der
Wissensarbeit, ergänzt durch ein Verständnis für den Kontext,
beispielsweise den sprachlichen oder auch gesellschaftlichen
Kontext, wenn ich vor der Frage stehe: Wie meistere ich den
Inhalt einer japanischen Webseite?, oder: Welchen Stellen-
wert hat ein Ereignis für ein bestimmtes Land? Und man muss
noch nicht einmal bis nach Japan gehen, um die Bedeutung
von Kontext deutlich zu sehen – oft sind innerhalb eines Unternehmens in derselben Sprache zwei verschiedene Abteilungen verständnismäßig so weit voneinander entfernt wie
Finnland und Patagonien. Kontextbarrieren ziehen sich in der
komplexen Welt von heute durch Sprachen, Kulturen, Profes-
sionen, Branchen und Generationen.

Um diese zu überwinden, benötige ich auch technologische
Hilfe, beispielsweise einen digitalen Assistenten, der ein tiefes
Verständnis meines Kontexts hat, also welche Themen mir ge-
rade wichtig sind, an welchen Projekten ich arbeite, welche

Personen mir wichtig sind, sowie ein tiefes Verständnis der Vertrauenswürdigkeit und des Kontexts des Absenders: Wie wichtig ist eine Nachricht von Person X wirklich, wenn sie als »wichtig« gekennzeichnet ist?

Der dritte und im Hinblick auf Wissensarbeit vielleicht sogar wichtigste Punkt ist der Begriff Intuition. »Jeder Mensch hat sie, aber er weiß nicht, woher sie kommt«, sagt der Quantenphysiker Professor Dr. Hans-Peter Dürr.

Doch was ist Intuition? Ein Bauchgefühl, der Geistesblitz, die innere Anschauung, das gefühlte Wissen. Sicher ist: Die Intuition durchdringt alle Bereiche unseres Lebens, doch oft wagen wir nicht, auf sie zu hören. Denn wer seiner inneren Stimme folgt, muss Kontrolle und präzise Planung aufgeben.

»Die Überbewertung von analytischen Fakten, das heißt, von Entscheidungen, die alleine auf nachvollziehbaren Gründen beruhen, führt dazu, dass viele Menschen sich immer mehr in einem Käfig von Angst und Befürchtung befinden. Intuition kann man aber nicht begründen. Das führt dazu, dass wir versuchen, Entscheidungen von außen absichern zu lassen, etwa durch Beratungsfirmen oder durch komplizierte Computerprogramme. Die Auswirkung dieser defensiven Haltung gegenüber der Intuition spürt die gesamte Gesellschaft: Riesige Kosten, viele Fehlentscheidungen und Aufschub der Probleme sind die Folgen«, sagt der Intuitionsforscher Gerd Gigerenzer, Direktor am Berliner Max-Planck-Institut für Bildungsforschung.

Wo finde ich neues Kopierpapier?

Die Intuition ist demnach eine schwer messbare, dafür umso notwendigere Fähigkeit. Sie beruht auf Erfahrungswissen, sie hat sehr viel mit Kreativität zu tun – und sie ist nicht zuletzt verantwortlich für die Entscheidung eines Wissensarbeiters, die er kaum erklären kann, die aber den Ausschlag gibt für eine Innovation. Die Verbindung dieser drei Elemente, Vertrauen, Kontext und Intuition, ist Wissensarbeit. Und diese Wissensarbeit ist eine Tätigkeit, die sich in heutigen Büros, in heutigen Arbeitsumgebungen im Grunde nur schwer realisieren lässt.

Heutige Büros sind noch zu sehr auf die Reproduzierbarkeit von bereits geschaffenem Wissen ausgerichtet – und weniger auf die Schaffung neuen Wissens. Sinnbildlich gesprochen ist der Kopierer im Büro immer noch das wichtigste Utensil. Und die Frage:»Wo finde ich neues Kopierpapier?« ist immer noch betrübliche Realität.

Unsere Fragen lauten daher:

- Wie machen wir Wissensarbeit möglich?

- Wie schaffen wir Bedingungen für Wissensarbeiter?

- Was benötigt der Wissensarbeiter in der digitalen Arbeitswelt?

3. WIE EIN ALTER FERNSEHBERICHT
BLICK IN EINE ZEIT OHNE »OPEN SPACE«

Das, was Elke Frank in unserem Microsoft-Office vorgefunden hat –»Open Space« und »du« – haben wir nicht mit dem Einzug in München einfach festgelegt. Das ist das Ergebnis eines Wandels, den wir recht früh eingeleitet haben.

Doch als ich, Thorsten Hübschen, bei Microsoft die Arbeit angetreten habe, da war Arbeit noch so organisiert, wie deutsche Büroarbeit eben organisiert ist. Mir erscheint es rückblickend wie ein in Schwarz-Weiß gesendeter Fernsehbericht aus einer ganz anderen Zeit, mit leicht knisternden Geräuschen und einem Titel wie »So arbeiteten die Menschen damals«. Dabei ist es nicht einmal zehn Jahre her.

Ich habe am 1. April 2006 in der Microsoft-Zentrale in Unterschleißheim begonnen. Und zwar im Gebäude D, im dritten Stock. Wir hatten damals noch die klassischen Flure in den Gebäuden, mit Türen zu den Büros, links und rechts. Die meisten Türen waren zu – dahinter wurde ja gearbeitet!

Und »Open« im heutigen Sinne waren die Büros auch nicht: Es gab Zweierbüros, Viererbüros und Sechserbüros – und es gab Einzelbüros für unsere Chefs. Klar.

Ich klopfte an die Tür

Mit wurde zunächst ein Platz in einem Sechserbüro zugewiesen. Und obwohl die Arbeitskultur bei Microsoft damals schon ziemlich modern war und viele Aspekte der neuen Arbeitswelt bereits anklangen, waren die Büros noch eher »klassisch«.

Ich hatte meinen festen Schreibtisch, schön mit Telefon und Schubladen. Und es gab eine eingeschworene Bürogemeinschaft (»Kaffeekasse!«), in die ich mich integrieren musste – was als Jungberater, der gerade von McKinsey kam, durchaus eine Herausforderung war. Der Neue bleibt nämlich in fest zementierten Bürostrukturen eine ganze Weile der Neue.

Dass mein Chef ein Einzelbüro hatte, in das ich nach Voranmeldung hineingebeten wurde, und ich mich zu Gesprächen an einen kleinen Meeting-Tisch in seinem Büro setzen sollte, auch das erscheint mir in der Rückschau recht merkwürdig. Wieder läuft der Fernsehbericht im Kopf: »Und hier sehen Sie den Angestellten, wie er an der Tür seines Chefs klopft. Das war in diesen Zeiten so üblich.« Denn Anklopfen und Hereingebeten-Werden, das schafft eine Distanz, die ich nicht gewohnt war und die mir auch nicht sonderlich gefiel.

Doch ausgehend von Bill Gates, der 2005 ein unternehmensweites Memo mit dem Titel »The New World of Work« versendete, begann der Wandel auch in der Zentrale in Deutschland. Die Arbeitsorganisation änderte sich recht bald, und zwar substanziell. Im Jahr 2007 wurden die Stockwerke Schritt für Schritt umgebaut in das, was wir heute »Open Space« nennen – und damit änderte sich die Zusammenarbeit im Team schlagartig. Wir hatten zwar immer noch feste eigene Schreibtische, aber wir saßen alle zusammen mit unserem Chef in einem großen Raum. Dass es keine abgeschotteten Einheiten mehr gab, hatte einen zunächst unscheinbaren Vorteil: Mit einem Mal wurde viel weniger »geklüngelt«, man fühlte sich deutlich mehr als ein Team.

Plötzlich klappten die Laptops auf

Ohnehin war es eine Zeit des Wandels. In meinem ersten Jahr, also 2006, launchte Microsoft das Softwarepaket Office 2007, und ich war als Verantwortlicher mit dabei. Es war ein Meilenstein, denn Office 2007 war das erste Release einer neuen Generation von Office-Produkten, die den Weg in eine neue Arbeitswelt, in die »New World of Work« bereiten sollten.

In dieses Produkt waren erstmals umfangreiche Kommunikations- und Kollaborationsfunktionen integriert, beispielsweise ein Vorgänger von Lync für Telefonie, Chat und Conferencing sowie die erste richtige Version von SharePoint für Team- und Dokumentenzusammenarbeit. Und noch etwas veränderte sich: Auf den Tischen klappten immer mehr Notebooks auf, so langsam wurde das Arbeiten »mobiler«. In meiner ersten Zeit arbeiteten die meisten noch an Desktoprechnern in den Büros. Der Bildschirm war bis dahin fester Bestandteil des Schreibtischs – und in gewisser Weise auch ein Symbol für mangelnde Beweglichkeit. Doch mit den Laptops begann eine Mobilität, die bald stilprägend sein sollte.

Wir sagten das Richtige – wussten es aber nicht

Wir waren sehr überzeugt von diesem neuen Produkt und hatten für den Launch eine Roadshow durch Deutschland gemacht mit über dreißig Veranstaltungen in verschiedenen Städten, bei der wir unseren Kunden die »neue Welt des Arbeitens« vorgestellt hatten. Ich erinnere mich noch sehr lebendig, wie ich damals einerseits extrem begeistert von der neuen Welt war, andererseits aber den wirklichen Umfang der Veränderung noch gar nicht begreifen konnte und sich alles irgendwie irreal anfühlte. Es schien so, als sagten wir damals die richtigen Worte – aber wir konnten sie selbst noch gar nicht richtig verstehen.

Das »neue Arbeiten« war damals noch sehr theoretisch, vor allem auch von den technischen Möglichkeiten her. Es ging immer darum, zu zeigen, was »technisch alles möglich« ist, welche Chancen die neue Technik für Unternehmen bietet. Über die Veränderung von Unternehmenskultur und Arbeitsweisen wurde in Deutschland nur vereinzelt gesprochen. Die neue Software wurde als Ergänzung zur bisherigen Bürokultur gesehen, aber nicht als Beitrag, um eben jene abzulösen.

Nach dem Platzen der Internetblase um die Jahrtausendwende zog eine Ernüchterung in deutsche Unternehmen ein, viele Unternehmen waren wieder zurückgefallen auf alte Muster und kämpften mit Kosteneinsparungen, Sicherheit und technologischer Komplexität, statt sich um Innovation und Veränderungen der Arbeitswelt kümmern zu können. Entsprechend waren auch die Reaktionen auf unsere nicht selten glühenden Reden von der »New World of Work«. Kaum hatten wir unsere Hymnen gesungen, waren die ersten Fragen meist:»Schön und gut – aber was bringt mir das jetzt konkret?« – »Wie kann ich damit schnellere Autos bauen?«

Unsere Argumentation gegenüber den Kunden und Unternehmen war im Grunde recht simpel:»Mit diesen neuen Technologien können Sie die Produktivität Ihres Unternehmens steigern.« Wir hatten damals den Begriff »Business Productivity« für die neue Kategorie von Office-Produkten geprägt und wussten vermutlich selbst nicht so genau, was wir eigentlich genau meinten. Denn die Kunden antworteten aus ihrem Gedankenkontext heraus natürlich meist:»Aha, und warum kann ich denn mit Ihrer Technologie jetzt mehr Autos oder schnellere oder bessere Autos bauen?« Ehrlich gesagt: Ich konnte nicht wirklich antworten. Wir sahen es selbst noch nicht so klar.

Die richtige Antwort wäre natürlich gewesen: »Mit diesen neuen Technologien können Sie die Produktivität Ihrer Wissensarbeiter massiv erhöhen – und das ist wettbewerbsentscheidend, denn Ihre Wissensarbeiter sind die wichtigste und knappste Ressource für den Erfolg Ihres Unternehmens.«

Doch diese Erkenntnis hatte sich gerade in Deutschland noch nicht durchgesetzt, und bei uns eben auch noch nicht. Bei der technischen Ausstattung stand man zudem erst am Anfang. Die ersten Notebooks hielten oft keinen ganzen Tag mit einer Akkuladung durch, ebenso wie die ersten Smartphones, die ohnehin sehr begrenzt in ihren Funktionen waren. Auch war die Rechenleistung der Computer und Handys noch nicht ausreichend für einen reibungsfreien Betrieb der Anwendungen, von den aufwendigen und lückenhaften Sicherheitsvorkehrungen ganz zu schweigen. Die Netzabdeckung durch WiFi oder UMTS war noch nicht flächendeckend und stabil verfügbar.

Es war noch ein wenig Pionierzeit. Doch heute wissen wir: Technologie für Wissensarbeiter muss genau eines leisten, damit sie Produktivität steigert: Sie muss funktionieren – und zwar genau so reibungslos, schnell und einfach, wie man es sich wünscht. Denn Wissensarbeit ist der Erfolgsfaktor der Zukunft, und es muss Aufgabe von Unternehmen und Dienstleistern sein, die bestmögliche technische, strukturelle und kulturelle Ausstattung für die Wissensarbeit zu schaffen. Wissensarbeiter machen den Unterschied.

4. WIE SCHAFFT MAN WISSEN?
WAS GENAU IST EIGENTLICH EIN WISSENSARBEITER?

Der Begriff ist schon einige Jahrzehnte alt. Ende der 1950er Jahre schrieb der bereits erwähnte Peter F. Drucker in *The Landmarks of Tomorrow* erstmals vom »Knowledge Worker«. Er wollte damit jene Menschen charakterisieren, die nicht für ihre körperliche Arbeit und manuellen Fähigkeiten bezahlt werden, sondern für die »Anwendung ihres erworbenen Wissens«. Drucker war einer der Ersten, die Wissen als einen Rohstoff betrachteten – und erkannte in prophetischer Weitsicht, dass Wissen in den folgenden Jahrzehnten wettbewerbsentscheidend sein würde.

Der im Jahr 2005 verstorbene Drucker hielt Wissen für einen für das Voranschreiten einer Gesellschaft essenziellen Rohstoff. Wie Öl oder Erze Rohstoffe des 19. und 20. Jahrhunderts wurden, so sah er im Wissen einen Rohstoff, der gleichermaßen gefördert, raffiniert und verarbeitet werden muss – und zwar von Wissensarbeitern, die aus Wissen neues, besseres Wissen schaffen, so wie aus Erdöl leistungsfähige Brennstoffe geschaffen werden.

Im Gegensatz zu den industriellen Rohstoffen besitzt Wissen als Rohstoff zwei einzigartige Eigenschaften: Beim »Abbau« von Wissen wird gleichzeitig auch originär neues Wissen durch den Abbauprozess erzeugt. Und die »Werkzeuge« des Wissensarbeiters (Vertrauen, Kontext, Intuition) verschleißen nicht über die Zeit, sondern werden im Gegenteil immer leistungsfähiger, je mehr Wissen mit ihnen abgebaut wird.

Auch der erwähnte Soziologe Helmut Willke, dessen Werke viel um die Bedeutung von Wissen und Arbeit kreisen, erkannte bereits Ende des vergangenen Jahrhunderts, dass »Wissen und Informationen heute das zentrale Objekt wirtschaftlicher Prozesse« sind. Nahezu »alle höherwertigen Produkte und Dienstleistungen« enthielten einen enormen Anteil des Faktors Wissen. Dies gelte dabei sowohl für Konsum- als auch für Investitionsgüter. Noch offensichtlicher, so Willke, sei die »wachsende Wissensbasierung bei Produkten aus der Informations- und Kommunikationsindustrie«.

Wissen und Arbeit, diese Verbindung mag in den 1950er und 1960er Jahren zumindest kein Massenphänomen gewesen sein. Doch gerade Druckers Blick in die Zukunft erscheint rückblickend sehr präzise, macht doch der Wissensarbeiter bereits einen bedeutenden Anteil der heutigen Informations- und Wissensgesellschaft aus. Schätzungen gehen davon aus, dass heute rund die Hälfte der Arbeit in Deutschland Wissensarbeit ist, Tendenz: schnell steigend.

Deutschland mag nach wie vor einen industriellen Kern haben, der Anteil der verarbeitenden Industrie am Bruttoinlandsprodukt lag nach Angaben des Statistischen Bundesamts in den vergangenen Jahren bei rund 22 Prozent. Und zu unseren strategischen Sektoren gehören nach wie vor Fahrzeugbau, Maschinenbau, Metall- und Elektronikindustrie. Wir bauen Autos, wir fabrizieren Maschinen und Schrauben.

Doch innovative Schlüsseltechnologien und wissensintensive Industrien gewinnen immer mehr an Bedeutung und lassen zunehmend klassische Branchengrenzen verschwimmen. An erster Stelle ist hier die IT zu nennen, natürlich auch Biotechnologie sowie Medizintechnik. Das Institut der deutschen Wirtschaft (IW) spricht daher von einem in Deutschland zu beobachtenden »intrasektoralen Strukturwandel hin zu Hightech-Branchen«, also hin zur klassischen Wissensarbeit.

Die fundamentale Verschiebung der Branchengrenzen wurde auf der weltweiten Messe für Consumer Electronics (CES) in Las Vegas im Januar 2015 mehr als greifbar. Dort stellten eben nicht nur klassische Computerhersteller ihre neusten Gadgets vor, sondern die renommierten deutschen Automobilhersteller zeigten dort eine Präsenz, die vor wenigen Jahren unvorstellbar gewesen wäre. Das ist ein deutliches Zeichen dafür, wie ernst unsere Industrie die aktuelle Debatte nimmt, ob die Zukunft des Automobils in Deutschland und Japan oder im Silicon Valley erfunden wird.

Stark autonom und kaum direkt anleitbar

Nach Angaben des Fraunhofer-Instituts für Arbeitswirtschaft und Organisation (IAO) aus dem Jahr 2011 stellen »Wissensarbeiter mit über 40 Prozent die größte Beschäftigtengruppe in Deutschland dar, und ihr Anteil steigt«. Doch diese Schätzung scheint bereits überholt. Die Initiative Neue Qualität der Arbeit (INQA) sah das Verhältnis zwischen Industrie- und Dienstleistungsarbeit in den 1960er Jahren noch nahezu ausgeglichen: 51 Prozent entfielen auf den produzierenden Bereich, 49 Prozent der Arbeit bestanden aus Wissens- und Servicearbeit.

Schon im Jahr 2000 stieg die Zahl der Wissens- und Servicearbeit jedoch auf 62 Prozent, und für 2020 erwartet die INQA einen erneuten Anstieg auf 85 Prozent, während die Arbeit im produzierenden Bereich auf 15 Prozent schrumpft, was nicht zuletzt auf eine zunehmende Automatisierung von Produktionsprozessen zurückzuführen ist.

Auch wenn man es im Alltag kaum wahrnehmen mag: Eine weitaus extremere Entwicklung hat der Primärsektor in Deutschland in den letzten hundert Jahren bereits vollzogen. Während zu Beginn des 20. Jahrhunderts in Deutschland noch rund 50 Prozent der Beschäftigten im Landwirtschafts- und Rohstoffbereich arbeiteten, sind es heute gerade noch 2,9 Prozent.

Sicher ist: Mit Beginn des 21. Jahrhunderts sind immer mehr der deutschen Erwerbstätigen Wissensarbeiter. Arbeit wandelt sich kontinuierlich zu Wissensarbeit – und so einfach sich dieser Satz schreiben lässt, so wenig haben ihn die meisten bisher verinnerlicht. Der Wissensarbeiter ist der Arbeiter des 21. Jahrhunderts, auch wenn wir dies in der industriell geprägten Bundesrepublik noch immer nicht wahrhaben wollen, auch wenn wir, sobald wir das Wort »Wirtschaft« in den Mund nehmen, die klassische industrielle Produktion vor Augen haben.

Die Herausforderung für Unternehmen liegt nun darin, Wissensarbeit als solche anzuerkennen und die autonom agierenden Wissensarbeiter durch kommunikationsorientierte Arbeitsprozesse zu vernetzen.

Wie wichtig es sein wird, Wissensarbeiter sinnvoll zu integrieren, hat das Fraunhofer IAO bereits 2009 in die Diskussion um die Arbeit der Zukunft eingebracht – verbunden mit der Einschätzung, dass sich mit der Zunahme der Wissensarbeit vieles grundlegend ändern wird. Der damalige IAO-Chef Dieter Spath sagte damals in weiser Voraussicht: »Charakteristisch für Wissensarbeit ist, dass diese häufig komplex, wenig determiniert und folglich schwer in vorgegebenen Abläufen standardisierbar ist.« Die Wissensarbeit, so Spath weiter, schaffe ständig neues Wissen und baue auf Erfahrungen anderer auf.

»Dabei agieren Wissensarbeiter stark autonom und sind somit wenig direkt ›anleitbar‹.«

Der Wissensarbeiter unterscheidet sich also fundamental von einem Arbeiter am Band oder von einer Bürokraft, die Routinetätigkeiten erledigt. Welche Folgen das für die Arbeitsprozessorganisation, für betriebliche Steuerungssysteme, für die Gestaltung der Arbeitsplätze und nicht zuletzt für die Führung und Motivation von Mitarbeitern hat – das genau ist das Thema des vorliegenden Buches.

»Wissen kann man nicht managen!«

Wie hoch der Anteil an Wissensarbeitern auch sein mag, immer mehr setzt sich die Überzeugung durch, dass es grundlegend zum Erfolg von Unternehmen beiträgt, Wissensarbeiter aufgrund ihrer Fähigkeiten, Informationen, Ideen und ihres Know-hows miteinander zu verknüpfen. Auch sind viele der Unternehmen zur Überzeugung gelangt, Wissen besser managen und die Wissensarbeit weiter ausbauen zu müssen. Denn die Bekenntnisse zu Wissensarbeit sind durchaus vorhanden. Doch wie managt man dieses Wissen, und wie schafft man die Bedingungen dafür, dass Wissensarbeit gelingen kann?

Drucker war in dieser Frage recht eindeutig: »Wissen kann man nicht managen – es sitzt zwischen zwei Ohren.« Er sah im Grunde wenig Bedarf für Management: »Wissensarbeiter agieren autonom und managen sich selbst. Sie sind keine Arbeitskräfte, sondern das Kapital der Firma. Da das Wissen untrennbar an Personen gebunden ist und stets im Kontext von persönlichen Erfahrungen und dem sozialen Umfeld steht, kann es gar nicht durch ein Unternehmen gemanagt werden.« Wer einen Wissensarbeiter also engmaschig kontrolliert und ihm Routineaufgaben zuweist, wird wohl, wenn wir Drucker richtig interpretieren, mit dieser Methode scheitern.

Wie viel von Druckers Thesen inzwischen Wirklichkeit geworden sind, wie Wissensarbeiter heute arbeiten und wie sie arbeiten könnten, hat die Personalberatung Hays für die im Juli 2013 erschienene Studie »Unternehmen und Wissensarbeiter im Spannungsfeld« untersucht und dazu Wissensarbeiter und Manager befragt. Es ist eine der ersten großen Studien zum Thema Wissensarbeit – und bestimmt die aufschlussreichste. Die Forscher wollten wissen, wie viel von Drucker bei heutigen Unternehmen angekommen ist – und wie viel im Argen liegt, und das ist wohl nicht wenig.

Sie geben ihr Wissen nicht freiwillig her

»Anstatt ausgewiesenen Experten wie Softwareentwicklern oder auch Data Scientists die notwendigen Handlungsfreiräume zu verschaffen, damit sie mit ihrem Wissen wichtige Unternehmensentscheidungen beeinflussen können, behindern hierarchische Strukturen noch weitgehend das von Drucker beschworene autonome Agieren«, bilanzierte Hays-Vorstand Christoph Niewerth. In den Unternehmen steckten Wissensarbeiter häufig noch zwischen festen Regeln und zementierten Arbeitsabläufen fest.

Laut der Hays-Studie sagen knapp 40 Prozent der befragten Wissensarbeiter, dass sie nicht selbst bestimmen können, wann und von wo sie arbeiten dürfen. Ganze 74 Prozent bestätigen, ihre Arbeit sei an feste Regeln und vorgegebene Unternehmensprozesse gebunden. Offenbar würden noch zu wenige Führungskräfte die Autonomie der Wissensarbeiter fördern.

Auch noch unterentwickelt seien weitgehend hierarchiefreie Kommunikationsstrukturen sowie der Austausch von Wissen. »Die Mitarbeiter geben ihr Wissen nicht freiwillig her, sondern nur unter für sie begünstigenden Bedingungen, wie zum Beispiel der eigenen Karriere. Wissen kann hier zwischen den Mitarbeitern also nicht ungehemmt fließen.« Das bedeutet: Hier geht es weniger innovativ zu.

»Albtraum für den Mittelstand«

Ein Aspekt der Studie erscheint uns nicht unwichtig. So ergab die Befragung, dass Wissensarbeiter vor allem »ihren eigenen Inhalten und ihrem eigenen Wissen gegenüber treu« sind – nicht aber ihrem Arbeitgeber. Laut Studie seien sie »jederzeit wechselbereit«; »stolze 60 Prozent« der befragten Wissensarbeiter würden denn auch ihr derzeitiges Unternehmen verlassen, wenn sie sich bei einem neuen Arbeitgeber fachlich weiterentwickeln können. 40 Prozent sehen diesen Schritt im Wechsel in die freiberufliche Tätigkeit.

Das heißt, wenn es Unternehmen nicht gelingt, Wissensarbeiter zu halten, riskieren sie den eigenen Erfolg, zumal ein Wort durch Medien, Politik und vor allem Unternehmen geistert: Fachkräftemangel. Dieser nehme schon heute dramatisch zu, diagnostizierte die Zeitung *Die Welt* im Januar 2015. So soll bis zum Jahr 2020 laut dem Institut der deutschen Wirtschaft in Deutschland eine Lücke von 1,3 Millionen Fachkräften klaffen.

Dieser »Fachkräfte-Gap« ist kaum verkraftbar für Unternehmen. Kleine und mittlere Betriebe täten sich, so schreibt Die Welt weiter, schon heute schwer, vakante Stellen zu besetzen. Auch der Bundesverband mittelständische Wirtschaft (BVMW) klage über das Fehlen von guten Arbeitskräften. Als »Albtraum für den Mittelstand« bezeichnet der Verband den

Fachkräftemangel in einer Anfang 2015 veröffentlichten Studie. So haben laut BVMW 52 Prozent der Arbeitgeber Schwierigkeiten bei der Besetzung offener Stellen, über ein Drittel findet gar keine geeigneten Fachkräfte. Bei einer anhaltenden Alterung der Gesellschaft scheint es nicht mehr zeitgemäß, Wissensarbeiter nicht adäquat arbeiten zu lassen. Denn eine »Fachkraft« ist in den meisten Fällen ein »Wissensarbeiter«.

Wie viele Abgänge von Wissensträgern kann ein Unternehmen verkraften? Können es sich Unternehmen weiterhin leisten, Wissensarbeiter nicht anders zu führen als alle anderen Beschäftigen? Und wie muss gute Führung heute aussehen? An der hohen Bedeutung von Wissen als strategischer Größe lassen alle Befragten – sowohl Führungskräfte als auch Wissensarbeiter – keinen Zweifel. Doch im Alltag scheinen die alten Erkenntnisse von Drucker bei vielen immer noch nicht angekommen zu sein.

Drucker ging noch wenige Jahre vor seinem Tod so weit zu sagen, dass in der New Economy jeder Mitarbeiter zum Wissensarbeiter wird – und dass Unternehmen durch ein gezieltes Wissensmanagement erhebliche Produktivitäts- und Qualitätssteigerungen erreichen könnten. Wissen ist Macht – die Bedeutung dieses geflügelten Worts scheint erst heute die wahre Größe zu zeigen. »It's the knowledge, stupid«, so könnte man in Anlehnung an einen ehemaligen US-Präsidenten sagen.

Bringen wir es auf den Punkt: Wissensarbeiter sind heute das wertvollste Asset von Unternehmen – ist doch der viel zitierte »War of Talents« voll im Gange und der bereits erwähnte Fachkräftemangel fester Bestandteil der wirtschaftspolitischen Debatten. Es ist aus unserer Sicht allerdings ein Irrglaube, der Mangel an Fachkräften ließe sich durch Digitalisierung vollständig kompensieren, wie das viele Kritiker meinen, weil mit einer zunehmenden Digitalisierung jene Jobs wegfallen, für die man ohnehin niemanden mehr findet.

Richtig ist, dass die Digitalisierung neue Jobs schaffen wird – und gerade auch für den ländlichen Bereich entscheidende arbeitsmarktpolitische Impulse setzen kann. Wenn Arbeit überall möglich ist, müssen sich Wissensarbeiter nicht wie heute zwangsläufig in Ballungszentren ansiedeln. Allerdings nur, wenn heute die richtigen Entscheidungen getroffen werden, und damit ist nicht nur der Ausbau von Breitbandkabeln gemeint, sondern eben auch die Neudefinition, die Neuausrichtung von Arbeit.

Wende mit Papier

Zudem hätte man es längst ahnen können. Während in den USA die Umsetzung dieser Gedanken in den letzten dreißig Jahren schon weiter fortgeschritten ist, war Deutschland durch die Wiedervereinigung, den Aufbau Ost und die Europäische Union mit anderen Themen beschäftigt. Und das hatte ja durchaus einen spürbaren Effekt: Aus Sicht der Kreditanstalt für Wiederaufbau (KfW) gilt der Aufbau Ost als so etwas wie ein zweites Wirtschaftswunder.

2013 betrug das Pro-Kopf-Einkommen im Osten Deutschlands 17.700 Euro. Das waren 84 Prozent des West-Niveaus. 1991 waren es noch 53 Prozent gewesen. Seit 1991 investierten Unternehmen, Kommunen und private Bauherren der KfW zufolge insgesamt rund 1,6 Billionen Euro in Ostdeutschland – doch es galt eben auch, eine marode Wirtschaft und Infrastruktur wieder aufzubauen. Dabei war der Hauptteil der zu leistenden Arbeit eher »klassisch«, lag also primär in den Bereichen Industrie und Verwaltung.

Wir mussten neue Autobahnen und Innenstädte bauen und administrative Prozesse neu schaffen, die zudem vor allem Papier benötigten. Wissensarbeit war dazu nicht der Hebel, sondern wir konnten in Deutschland auf unsere bewährten Stärken aus dem 20. Jahrhundert zurückgreifen – und das mit Erfolg. Offenbar hat man aber im Zuge dessen den wirtschaftlichen Aufschwung der neuen IT-Branche etwas verpasst. Gerade für diese sind hocheffektive Wissensarbeiter aber essenziell.

Der Mann mit dem Goldkragen

Es war der amerikanische Ökonom und Managementberater Robert E. Kelley, der schon im Jahr 1985 den Weg zu einer auf Wissensarbeiter ausgerichteten Arbeitswelt vorzeichnete – und damals bereits einen neuen, aus heutiger Sicht brandaktuellen Arbeitertypus skizzierte: den Gold Collar Worker. Wer Kelleys gleichnamiges Buch aus der Vor-Internet-Zeit liest, ist verblüfft, wie exakt darin das Dilemma beschrieben wird, vor dem wir heute, dreißig Jahre später, stehen.

Kelleys Ausgangslage klingt sehr vertraut. Das Amerika der frühen 1980er Jahre hatte einen enormen Brain Drain zu verkraften, viele talentierte Wissenschaftler und Forscher wanderten ab oder zeigten kein Interesse an der Arbeit in Unternehmen. Andere wiederum fühlten sich in ihren Jobs unterfordert und frustriert. Vor allem die Begabten und die echten Talente litten unter dem Missmanagement in Büros und unter einer fast schon alltäglichen Missachtung der Brain Power.

Dabei sei, so Kelley, Brain Power, also die Arbeit des Kopfes, im Informationszeitalter das, was »iron, coke and oil« für das Industriezeitalter gewesen seien. Bereits vor dreißig Jahren hielt er das Wissen für die wettbewerbsentscheidende

Ressource – und hat damit zumindest in Amerika recht früh einen Kampf um Köpfe und Wissensarbeiter in Gang gesetzt, der bei uns gerade erst richtig beginnt. Gold Collar (etwa: Goldkragen) ist für ihn eine Weiterentwicklung der sogenannten White-Collar-Jobs, also Bankangestellte, Buchhalter oder Sachbearbeiter. Kelleys Definition des Gold Collar Worker entspricht dabei mehr oder weniger exakt dem heutigen Wissensarbeiter, umfasst also Ingenieure, IT-Experten oder Juristen.

Sie wollen keine mechanische Routine

Diese neuen Arbeiter seien allesamt intelligent, unabhängig und innovativ – und »sie benötigen ein neues Management«, so Kelley und das aus einem Grund: Sie wollen sich nicht bürokratischen Vorgaben oder einer mechanischen Routine unterwerfen. Ihre Werte und ihre Arbeitsethik kreisen vielmehr um Toleranz, Risikofreudigkeit, gegenseitigen Respekt. Das entspricht dem Streben der heutigen Wissensarbeiter, die sich weniger von Macht oder Einfluss angezogen fühlen als vielmehr von verantwortlicher Teilhabe, der konstruktiven Zusammenarbeit im Team, einer Balance zwischen beruflichen, privaten und sozialen Zielen sowie einer hohen Lebensqualität.

Wissensarbeiter wollen nicht unbedingt führen, aber genauso wollen sie auch nicht unbedingt folgen. Sie funktionieren schlichtweg nicht gut in strengen Hierarchien. Wissensarbeiter streben primär nach interessanten Aufgaben und befriedigenden emotionalen Beziehungen. Das alles müsse modernes Management leisten, da war sich Kelley bereits in den 1980er Jahren sicher.

Das erfordere aber große Kraft und Toleranz von Führungskräften. Denn die Gold Collars wüssten oft mehr als ihre Bosse, seien aber nicht in die wichtigen Entscheidungen eingebunden.

»Wenn sie jemandem oder etwas gegenüber loyal sind, dann sind das ihre Berufe, aber nicht zwingend das Unternehmen, in dem sie angestellt sind. Vor allem dann nicht«, so Kelley, »wenn das Unternehmen ihnen nicht die Freiheit gibt, die sie benötigen.«

Damit sind wir bei unserem Thema. Was sind die besten Bedingungen für Wissensarbeit? Und wie muss Arbeit neu erfunden werden, damit Wissensarbeiter ihr Potenzial entfalten können? Denn wie Kelley sagte: Die Arbeit der Gold Collars sei für ein Unternehmen »unglaublich wertvoll«. Er sah ihren Anteil an der Wertschöpfung in den USA bereits damals, in den 1980er Jahren, bei 40 Prozent.

Der Wasserstiefelschuster hat auch ausgedient

Sicher ist: Die digitale Transformation der kommenden Dekade wird den Anteil der Wissensarbeiter weiter erhöhen, indem kontinuierlich neue Berufsfelder entstehen und alte langsam verschwinden. Wir haben es bei vielen Berufen erlebt. Der Mechatroniker hat vor einigen Jahren den Kfz-Mechaniker als Beruf abgelöst, weil die Elektronik in Fahrzeugen immer wichtiger wurde. Bei einer zunehmenden Elektrifizierung von Antrieben und einem Ausbau der Elektromobilität steht auch der Mechatroniker bald vor seinem Abschied.

Oder was ist aus dem Fischbeinreißer, aus dem Kalfaterer, dem Wasserstiefelschuster geworden? Alles ehrbare Berufe, die teils über Jahrhunderte hinweg ausgeübt wurden und von denen wir heute kaum noch etwas wissen. Der Autor Rudi Palla hat all die ausgestorbenen Berufe in einem erstaunlichen Buch zusammengefasst und mit dem Hinweis versehen, wie viel hochspezialisiertes Können damit verloren gegangen ist.

Andererseits haben sich eben durch den technischen Fort-schritt neue Lösungen für alte Aufgaben ergeben. So sieht es auch das Bundesinstitut für Berufsbildung (BIBB).»Ausbildungs-berufe müssen mit der Zeit gehen«, sagt Dr. Jörg-Günther Grun-wald, Leiter des Arbeitsbereiches »Gewerblich-technische und naturwissenschaftliche Berufe« beim BIBB. Daher würden in re-gelmäßigen Abständen neue Ausbildungsordnungen erstellt und die vorhandenen überarbeitet.

An die Stelle der alten sind inzwischen neue Berufe getreten, vor allem natürlich in der Welt der Online-Dienstleistungen, und schon bei der Auflistung der neuen Berufe wird klar, dass Wissen dabei das entscheidende Kriterium ist: Der Search En-gine Marketing Manager (»Suchmaschinenwerbemanager«) verwaltet beispielsweise ein Werbebudget, kauft Text- oder Bildwerbeflächen bei Suchmaschinen ein und erstellt Inhalte für Werbeanzeigen. Der Security Manager kümmert sich um die Datensicherheit, der Cloud Service Manager führt Cloud-Anwendungen eines Unternehmens zusammen. Der Big Data Scientist ist wiederum ein Experte im Auswerten von Daten und entwickelt Ideen, was man aus großen Datenmengen machen kann.

Die Aufzählung macht auch deutlich: Die meisten der neu-en Jobs sind in den Bereichen Informationstechnologie- und Telekommunikation (ITK) hinzugekommen. Mit 953.000 Be-schäftigten seien die ITK-Unternehmen inzwischen zweit-größter industrieller Arbeitgeber hinter dem Maschinenbau, berichtete der Branchenverband Bitkom im Jahr 2014. Allein in den vergangenen fünf Jahren seien in der Branche fast 100.000 neue Arbeitsplätze entstanden.

Wer hat den Stein umgedreht?

Nicht nur wegen dieser Entwicklung gelten Wissensarbeiter nicht selten als das Herz eines Unternehmens. Es sind eben jene, die neue Ideen entwickeln, deren Versuche, Analysen, deren Beurteilungen ausschlaggebend sind für den Erfolg eines Unternehmens und die nicht nur theoretische Innovationen vorantreiben, sondern ganz konkret auch den Umsatz. Es sind die Wissensarbeiter, die fragen: Wie könnte ein selbstfahrendes Auto funktionieren? Welche Form der Energieversorgung ist zukunftsfähig? Und wie können wir die Komplexität von Organisationen meistern?

Sie erfinden neue Produkte, entwickeln neue Strategien, helfen dabei, in Verhandlungen und auf dem Markt zu bestehen. Oft ist ihre Arbeit unsichtbar, oft weiß man nicht, wer wirklich hinter der Idee, dem Schwenk des Unternehmens steckt. Doch meistens ist es so: Es waren Wissensarbeiter, die den entscheidenden Stein umgedreht haben.

Was ist also zu tun, damit Wissensarbeiter die Arbeitsbedingungen bekommen, die angemessen sind, und damit Unternehmen Wissensarbeiter für sich gewinnen können? Oder: Wie bindet man einerseits Wissensarbeiter an sein Unternehmen, lässt ihnen aber auf der anderen Seite die größtmögliche Freiheit zu bestimmen, was, wann und wie sie es erreichen wollen? Wissensarbeiter brauchen Führung, nur eben eine andere.

Manager denken oft, Wissensarbeiter seien doch so schlau, die wüssten doch sowieso, was zu tun ist. Oder das andere Extrem: Sie müssen sich unterordnen – hier gibt es keine Extrawürste. Beides entspricht nicht dem Wesen und dem Willen eines Wissensarbeiters und macht ihn keinesfalls produktiver.

Ohne Wissen keine Wissensarbeit

Was aber benötigt ein Wissensarbeiter vor allem anderen? Genau: Wissen.

Ein erster Schritt ist die Teilhabe an Wissen. Das Bildungsinstitut Haufe hat im Jahr 2014 rund 400 Personalexperten aus allen Branchen nach Motivationskillern in Unternehmen befragt. Antwort Nummer eins: »Fehlendes Wissen demotiviert Mitarbeiter.« Diesem Satz können 81 Prozent der deutschen Personalexperten zustimmen, 28 Prozent der Befragten bemängeln Informationsfluss und Kommunikation in ihrer Firma. Dass Kollegen ihr Wissen nicht weitergeben, sagen 46 Prozent, und 32 Prozent meinen, es gebe keine Tools für den internen Austausch. 31 Prozent stimmen der Aussage zu: »Wissenstransfer ist kein Bestandteil der Unternehmenskultur.«

Und das hat Folgen: Rund 60 Prozent der befragten Personaler meinen, dass die Arbeitsleistung der Mitarbeiter sinkt, »wenn notwendiges Wissen nicht vorhanden, nicht einfach zugänglich ist oder nicht alle Beteiligten auf dem gleichen Wissensstand sind«.

Raus aus dem stillen Kämmerlein

Die digitale Transformation kann nur gelingen, wenn wir den Wert der Wissensarbeit nicht nur anerkennen, sondern uns für die Bedingungen guter Wissensarbeit sensibilisieren. Das beginnt an der Universität, in der das Fundament des Wissens gelegt wird und die als »Zulieferer des Wissens« oder auch »Hort des Wissens« wichtiger Kooperationspartner für Unternehmen sein muss – mehr noch, als sie es bisher schon ist. Eine Universität müsste darüber hinaus die Studierenden an das hierarchiefreie Denken und Zusammenarbeiten sowie an den intensiven und auch multidisziplinären Austausch von Wissen heranführen.

Wissen dient nicht nur dem eigenen Aufstieg. Es ist teilbar, und die Lösung komplexer Fragestellungen setzt die Zusammenarbeit vieler »Wissender« voraus. Neben menschlicher Zuneigung und Liebe ist Wissen die wichtigste Ressource, die durch das Teilen vermehrt wird, anstatt abzunehmen. Die Wissensarbeit im digitalen Zeitalter ist das Herausgehen aus dem stillen Kämmerlein, ist die Interaktion mit anderen Wissenden – ist der permanente Austausch und die Kommunikation. Das ist nichts weniger als eine wirtschaftliche Notwendigkeit, wenn bereits mehr als die Hälfte der Arbeit in Deutschland Wissensarbeit ist.

Daher muss die Globalisierung auch auf dem Wissensarbeitermarkt stattfinden. Vor allem deutsche Unternehmen verschließen sich häufig gegenüber der Einwanderung ausländischer Facharbeiter in wissensintensiven Gewerben. So wirbt Deutschland im internationalen Vergleich laut einer OECD-Studie von 2013 nur wenig ausländische Arbeitskräfte an. Pro Jahr liege die Zahl von neuen Arbeitskräften aus Ländern außerhalb der EU bei 25.000 und damit bei 0,02 Prozent der Bevölkerung. Länder wie Australien, Dänemark, Kanada und Großbritannien verzeichneten fünf- bis zehnmal so viele beschäftigungsorientierte Zuwanderer.

Doch diese Zögerlichkeit werden sich Unternehmen wohl künftig nicht mehr leisten können, da gerade in der Wissensarbeit internationaler Austausch und Interdisziplinarität von essenzieller Wichtigkeit sind. Internationale Arbeitsmärkte sind künftig weniger denn je separat voneinander zu betrachten, was insbesondere für den Wissensarbeitssektor gilt.

Das »Anlocken« internationaler Wissensarbeiter spielt vor allem für Deutschland eine wichtige, geradezu überlebenswichtige Rolle, da nach aktuellen Prognosen nur so der durch den demografischen Wandel entstehende Fachkräftemangel kompensiert werden kann. Für Unternehmen stellt sich die Frage, wie sie diese Entwicklung gestalten und die spezifischen Bedürfnisse der Wissensarbeiter aufgreifen, um deren Mehrwert produktiv zu nutzen.

»Das Unternehmen als geschlossene Organisation hat sich überlebt«

Wenn wie erwähnt ein Großteil der Wissensarbeiter jederzeit mit einem Abschied liebäugelt, muss jedes Unternehmen für sich und letztendlich auch die Gesellschaft die Arbeit neu erfinden. Mindestens aber müssen sie den Sektor Wissensarbeit stärker nach den Bedürfnissen ihrer Mitarbeiter ausrichten und diesen mehr Freiheiten einräumen, da die meisten Wissensarbeiter sich ihrer Kompetenzen in hohem Maße bewusst und schnell dazu bereit sind, den Arbeitgeber zu wechseln, wenn er ihnen keine optimalen Arbeits- und Arbeitsgestaltungsbedingungen bietet.

Die wichtigste Feststellung ist fast schon eine Binsenweisheit: Wissensarbeit ist nicht an einen Ort gebunden. In Zeiten des Plattformgedankens, der Clouds, des Cloudworking und kollaborativen Arbeitens befindet sich Arbeit ohnehin im Wandel, die Grenzen verschwimmen. Es liegt nicht in ferner Zukunft, dass sich Mitarbeiter eher in Firmen- oder Talent-Clouds bewegen als in Zentralen oder Firmensitzen.

»Das Unternehmen als geschlossene Organisation hat sich überlebt«, sagte Wilhelm Bauer, Leiter des Fraunhofer IAO, gegenüber dem *SPIEGEL*. »Menschen und Maschinen werden beginnen zusammenzuarbeiten, und dabei wird jeder das machen, was er am besten kann.« Wo Intelligenz, Intuition und Kreativität gefordert sind, bleibe der Mensch unersetzlich. Die Roboter würden nur noch mehr physische Arbeit und sicher auch mehr und mehr Informationsarbeit von Menschen übernehmen. Das werde die Arbeitswelt menschlicher machen.

»Wer zurückschaut, möchte die alte Arbeitswelt mit ihren Knochenjobs nicht wiederhaben«, so Bauer. Jedes neue komplexe System und Produkt erzeuge neue Probleme, die von Menschen gelöst werden müssten.»Am Ende hat jeder technische Fortschritt mehr Beschäftigungsmöglichkeiten geschaffen als vernichtet.« Der Mensch besitze die Fähigkeit, den entstehenden Freiraum für Prozessverbesserungen und Innovationen zu nutzen. Damit ist im Übrigen genau die Fähigkeit von Wissensarbeitern umschrieben.

Was wir heute wissen, ist das Unwissen von morgen

Fakt ist: Die globale Wirtschaft braucht Wissensarbeiter. Und sie braucht sie mehr denn je. Das McKinsey Global Institute schätzt, dass im Jahr 2020 weltweit bis zu 40 Millionen hochqualifizierter Fachkräfte fehlen werden, wenn Unternehmen nicht beginnen, Talent-Pools aufzubauen und Jobs neu zu definieren, beispielsweise Wissensarbeiter von Routinetätigkeiten zu befreien. Denn der einzige Wettbewerbsvorteil, den entwickelte Länder heute besitzen, besteht in ihrem großen Aufgebot an Wissensarbeitern. Auf das Wissen kommt es an.

Peter F. Drucker warnte immer:»Wissen unterscheidet sich von allen anderen produktiven Ressourcen darin, dass es veraltet. So stellen die neuesten Erkenntnisse von heute die Unwissenheit von morgen dar.« Es lasse sich jedoch absehen, dass Wissen zumindest für die meisten Branchen in den entwickelten Ländern ausschlaggebend sein werde. Wissen bringt Ressourcen in Bewegung. Und noch ein Punkt scheint entscheidend:»Wissensarbeitern gehören die Produktionsmittel selbst. Denn anders als bei den Arbeitern, die in der industriellen Fertigung tätig sind, tragen Wissensarbeiter ihre Produktionsmittel in ihren Köpfen mit sich und können sie natürlich zu jedem beliebigen Arbeitsplatz mitnehmen. Wahrscheinlich ändern sich gleichzeitig fortwährend die Wissensbedürfnisse der Organisationen.«

Wie diese Organisationen aufgebaut sind – darauf kommt es an. Wie organisieren sich die Wissensarbeiter von morgen? Welche Auswirkungen hat das für Praxis und Theorie des Managements? Und wie wird es Unternehmen gelingen, neue Konzepte, Methoden und Praktiken zu entwickeln, um die Wissensressourcen einer Gesellschaft nutzbar zu machen? Im letzten Interview vor seinem Tod war Drucker skeptisch.

Zeit seines Lebens hat er sich dafür ausgesprochen, dass die für den Unternehmenserfolg entscheidende neue Zunft der Wissensarbeiter anders geführt werden müsse als die klassischen Fabrik- und Büroarbeiter vor hundert Jahren. Dass das in vielen Chefetagen bis heute anders gesehen wird, stehe auf einem anderen Blatt. Aber»diese Fehleinschätzung hat zur Folge, dass selbst die besten Leute nicht produktiv arbeiten«, sagte Drucker in einem Interview 2002.

5. VON DER INFORMATION ZUM WISSEN
WIE ICH DIE ERSTEN SCHRITTE IN DIE WISSENSGESELLSCHAFT GING

Dass der Weg zum Wissensarbeiter ein weiter ist, habe ich – Thorsten Hübschen – selbst erlebt. Vor den geschilderten Hürden, die wir bei Microsoft nehmen mussten, um dahinterzukommen, was wirklich entscheidend ist, startete ich meinen Berufsweg ursprünglich nicht als Wissensarbeiter – oder ich wusste einfach nicht, dass ich auf dem Weg war, einer zu werden.

Es begann Ende der 1980er Jahre, ich war noch Schüler und wollte an den Computer. Von Anfang an übte das Gerät eine enorme Anziehungskraft auf mich aus. Gut, ich war vorbelastet, mein Vater leitete zu der Zeit das technische Rechenzentrum eines Industrieunternehmens in Düsseldorf. In den Jahren um den Mauerfall, als meine Schulfreunde kaum eine Vorstellung hatten, was dieses Gerät eigentlich soll, hantierte ich bereits mit dem Lötkolben an Festplatten herum, programmierte Computersprachen und baute mit einem Telefon einen Anschluss an die Welt.

Für die anderen hatte das etwas Exotisches. Keineswegs stand in jeder Wohnung ein Gerät, der alltägliche Personal Computer war nicht mal ein ferner Traum. Mit einem »Rechner« fingen die meisten nicht viel an, und dass man mit so etwas Geld machen konnte, wollte damals keiner so recht glauben. Zwar schien sich anzudeuten, dass diese »Rechner« künftig bedeutend werden sollten. Doch da sie im Alltag nicht wirklich sichtbar waren, fehlte es schlichtweg an Fantasie, sich vorzustellen, was dann kommen sollte.

Wir frühen »Tekkies« waren jedoch fixiert auf diese neue Technologie. Anfang der 1990er Jahre hatte ich einen Ferienjob, bei dem ich die erste Office-Version von Microsoft auf Hunderten neuen PCs per Hand mit Disketten installierte. Natürlich nur in Unternehmen; an einen privaten Gebrauch dachte damals kaum jemand.

In der zwölften Klasse machten wir eine Studienreise ins Deutsche Museum in München. Wir sollten uns einen Bereich im Museum aussuchen und danach einen Bericht darüber schreiben. Ich hatte Astronomie gewählt, und für den Bericht ließ ich den Computer heißlaufen. Mit einem Handscanner – das war so was wie eine große Maus, die man über die Dokumente streichen musste – scannte ich Bilder aus Büchern und trug Texte zusammen. Der Bericht wuchs schließlich auf 70 Seiten. Es war eine Arbeit von Tagen, der Rechner stürzte wegen der Datenbelastung dauernd ab. Ich war der Einzige in der Klasse, der den Bericht auf einem Computer machte – und die Reaktion meiner Mitschüler wie gehabt: »Der Thorsten wieder.«

Das wird größer, das wird richtig groß

Im Jahr 1993 gab es dann zwei große Momente. Zum einen machte ich im Frühsommer Abitur. Und zum anderen schrieb ich im Herbst meine erste E-Mail. Aus dem Rechnerraum unserer Uni – damals noch sündhaft teure UNIX-Workstations standen in einem abgeschlossenen klimatisierten Raum – schickte ich eine Mail an meinen Vater: »Hallo!« Ein Jahr später begann die Veränderung der Welt, das World Wide Web kam, und genau in diesem Jahr begann ich mit dem Mathematikstudium.

An der Universität in München kam ich in Kontakt mit den Informatikprofessoren, installierte Programme, arbeitete dort als Systemadministrator. Auch so eine Vokabel, die damals nur die Informatiker beherrschten, eine kleine, verschworene Gemeinde, die sich aber sicher war: Das wird größer, das wird richtig groß.

Wir probierten und machten. Wir entwickelten Ende der 1990er Jahre in einem kleinen, über Deutschland verteilten Team sogar so etwas wie ein frühes Facebook. Es war ein Intranet, in dem sich Studenten der Studienstiftung des deutschen Volkes austauschen konnten und in Kontakt blieben. Das DaidalosNet, wie wir es damals genannt hatten, gibt es sogar heute noch. Gut, es wurde nicht ganz so groß wie die Zuckerberg-Variante, aber es existiert.

Parallel setzte die Digitalwirtschaft zum Siegeszug an. Das Internet versprach ein Segen zu werden. Unter dem Begriff »New Economy« wurden in Minifirmen Millionen investiert. Google, Amazon, eBay, sie begannen damals, und jeder, der etwas halbwegs Vergleichbares startete, konnte sich über enorme Geldspritzen freuen. Doch viele Versprechungen konnten nicht eingelöst werden, viele Prophezeiungen erfüllten sich nicht, und viele Geschäftsmodelle entpuppten sich als heiße Luft. Die IT-Blase platzte. Es war der erste, sehr schmerzhafte Dämpfer auf dem Weg in die Informationsgesellschaft.

Und plötzlich hatte das Handfeste wieder Konjunktur.

Ich ging zur Unternehmensberatung McKinsey. Ich wollte das Wirtschaftsdenken lernen. Was ist das, eine Bilanz, eine Gewinn- und Verlustrechnung? Ich wurde Unternehmensberater mit einem Schwerpunkt auf IT-Projekten. Und das mag nun etwas vermessen klingen, und sicher scheint es auch befremdlich, aber die Arbeit bei einer Unternehmensberatung war in gewisser Weise ein Vorgriff auf Arbeitsmethoden, wie sie für Wissensarbeiter günstig erscheinen – wobei man nicht außer Acht lassen sollte, wie viel Energie und Arbeitsleistung einem abverlangt wurden.

Wir arbeiteten in kleinen Teams, wir genossen einen hohen Vertrauensvorschuss, obwohl wir kaum die Uni abgeschlossen hatte, gab man uns Verantwortung in die Hände. Und: Wir arbeiteten mobil. Wir fuhren zu den Kunden, bekamen einen Tisch und machten uns dort an die Arbeit. Es waren die klassischen Berateraufgaben: Firma A wollte mit Firma B fusionieren, ein Aspekt war die jeweilige IT-Architektur. Wir als neutrale Berater sollten empfehlen, wie man beide Systeme zusammenführt oder für welches man sich entscheiden sollte.

Wir hatten in der Regel die modernste Ausstattung. Laptop, Internet-Router, Anschlüsse. Doch das war alles noch sehr archaisch. Ich erinnere mich noch gut daran, wie wir zum Kunden immer ein schweres Faxgerät hineintrugen, damit wir »per Fax« erreichbar waren, und welche Massen an Kabeln und Anschlüssen wir im Gepäck hatten. Wenn wir anrückten, brachten wir immer einen Lieferwagen voller Kartons mit. Heute, da man mit 45-Euro-Handys im Internet surfen kann, klingt das natürlich absurd. Aber wie sagte es ein Berliner Autor und Internetexperte unlängst: »Wir waren früher keine Digital-Nomaden, wir waren eher Digital-Astronauten, mit dem ganzen Gepäck, das wir mit rumschleppten.«

Immerhin: Wir arbeiteten damals mobil, flexibel, zielorientiert und immer im Team. Und vieles, auch wenn ich es damals nicht benennen konnte, entsprach dem, was wir heute unter Wissensarbeit verstehen. Das hat mich einerseits geprägt, andererseits leitet sich für mich daher auch eine Verantwortung für Unternehmen im Zeitalter der Digitalen Transformation ab. Denn viele Unternehmen machen sich stark für vernetztes Denken, für die Digitalisierung, doch ihre Handlungen entsprechen immer noch den Vorstellungen der Industriegesellschaft. Damit kann man aber Wissensarbeiter nicht halten – und schon gar nicht auf ihre Leistungsbereitschaft hoffen.

Was ich seit damals weiß: Es funktioniert, das mobile Arbeiten. Und es funktioniert heute besser als vor zehn oder fünfzehn Jahren, weil die technologische Entwicklung viel weiter ist. Weil es heute nicht mehr darum geht, ob ein Internetanschluss vorhanden ist oder wie man an seine E-Mails kommt. Arbeiten ist an vielen Orten möglich, Arbeiten muss weder orts- noch zeitgebunden sein. Wir haben die Technik, wir sind bereit, flexibel zu arbeiten. Wir sind heute auch in der Lage, dezentral und so zu arbeiten, dass der Einzelne sein Leben und seine Arbeit so gestalten kann, wie es für ihn am produktivsten ist.

Das spricht in besonderem Maße diejenigen an, die in der Lage sind, sich selbst zu führen und sich selbst zu organisieren. Danach suchen wir bei Microsoft inzwischen auch Bewerber aus, denn das sind Eigenschaften, auf die es neben den fachlichen Skills heute ankommt.

Deshalb reagieren wir auch recht allergisch auf Forderungen wie »E-Mail-Server am Wochenende abstellen«, »keine Mails im Urlaub« oder »ab 18 Uhr keine E-Mails mehr«. Denn das hilft uns nicht weiter. Das löst das Problem nicht. Wir müssen die Erwartungshaltung klar kommunizieren. Wir müssen unseren Mitarbeitern signalisieren: Es gibt keine Bonuspunkte, wenn jemand am Wochenende oder spätabends E-Mails schreibt. Keiner muss das, aber er darf natürlich. Sagen wir mal so: Wir wissen nicht in jedem Fall ganz genau, was gut für den Mitarbeiter ist, aber wir trauen ihm zu, das selbst zu wissen, und schaffen ihm dafür die Rahmenbedingungen, um genau das umzusetzen.

Die Zahlen, die man kennen muss

IAO: Rund 50 Prozent der in Deutschland verrichteten Arbeit sind Wissensarbeit, Tendenz enorm steigend.

Hays-Studie 2013: Knapp 40 Prozent der befragten Wissensarbeiter können (noch) nicht selbst bestimmen, wann und wo sie arbeiten; 74 Prozent sagen: Arbeit ist an feste Regeln und vorgegebene Unternehmensprozesse gebunden; 60 Prozent der befragten Wissensarbeiter würden ihr Unternehmen verlassen, wenn sie sich bei einem neuen Arbeitgeber fachlich weiterentwickeln können.

Der Satz, den man sich merken sollte

Voraussetzung für ein Gelingen der heutigen (Wissens-)Arbeit ist das Zusammenspiel der drei Elemente Vertrauen, Kontext und Intuition.

Wissensarbeit ist der Erfolgsfaktor der Zukunft.

Das Zitat, das es auf den Punkt bringt

»Wissensarbeiter agieren autonom und managen sich selbst. Sie sind keine Arbeitskräfte, sondern das Kapital einer Firma.« Peter F. Drucker

TEIL II

LÖSUNGEN VON GESTERN FÜHREN NICHT IN DIE ARBEITSWELT VON MORGEN

6. WIE WIR UNS ENTFREMDETEN
WARUM FORD, MARX UND WATT WICHTIG SIND,
WENN ARBEIT NEU ERFUNDEN WIRD

Mehr als hundert Arbeiter, bewaffnet mit Äxten und Gewehren, versuchten am 12. April 1812 in der Grafschaft Yorkshire in eine Textilfabrik einzudringen. Die Arbeiter, größtenteils Weber, waren zu allem entschlossen – und sie hatten ein Ziel: die Maschinen in der Textilproduktion. Sie wollten die neuen, mit Dampfkraft betriebenen Webstühle komplett zerstören. Und sie konnten nur mit Mühe gestoppt werden.

Einige Jahre später, im Jahr 1844, kam es auch in Schlesien zu einem Weberaufstand. Die Weber wollten nicht länger Elend und Demütigungen hinnehmen. Viele arbeiteten im wahrsten Sinne des Wortes für einen Hungerlohn. Auch hier waren die Maschinen das Ziel. Sie wüteten gegen moderne Jacquardwebstühle, auf denen gemusterte Stoffe hergestellt wurden, sie zerstörten Trockenräume und Einrichtungen. Der Weberaufstand gilt als wichtiger Meilenstein der Arbeiterbewegung – und ist ein dramatisches Beispiel dafür, wie umkämpft der Wandel in der Arbeitswelt schon immer war.

Die Maschine hatte dem Menschen die Arbeit entzogen, so schien es, so erlebten es die Arbeiter. Rückblickend wissen wir, dass die Menschheit damals einen der größten Umbrüche ihrer Geschichte erlebte: die Industrialisierung oder sprechender die industrielle Revolution. Sie hat das Leben der Menschen grundlegend verändert. Es mag paradox klingen, aber wenn wir über die Zukunft der Arbeit sprechen, über

Revolutionen im Arbeitsleben und über einen »New Way of Work«, geht es nicht ohne einen Blick zurück.

Natürlich, die Geschichte der Arbeit ist immer auch eine Geschichte der Erleichterung von Arbeit. Sie ist aber ebenfalls eine Geschichte des Unrechts, der Ausbeutung – und eine Geschichte der großen Skepsis. Vor allem auf Seiten der Arbeiter, sahen sie doch in den Unternehmern, den Großgrundbesitzern, den Reichen ihre größten Feinde.

Doch der Zorn der Weber richtete sich vor allem auch gegen die Maschinen. Die Maschinen standen für das Neue, für das Ungewohnte. Das Neue schien schlimmer, noch schlimmer als das Bisherige. Dabei war es eine körperliche Tortur, über einen längeren Zeitraum einen Webstuhl zu bedienen.

Maschinen statt Muskeln

Vor der Industrialisierung war Arbeit mehr oder weniger gleichbedeutend mit menschlicher Muskelkraft und menschlicher Geschicklichkeit. Doch mit den Maschinen änderte sich alles, und es begann mit der Dampfmaschine von James Watt. Richtig Fahrt nahm die Industrialisierung mit der massenhaften Förderung von Kohle und Eisenerz und dem Eisenbahnbau um 1830 auf. Von England ausgehend, setzte dadurch eine wirtschaftliche und soziale Dynamik ein, die bald das europäische Festland und Nordamerika erfassen sollte.

Für uns heute, die wir wieder mitten in einer Revolution der Arbeitswelt stecken, heißt das: Die Geschichte der Arbeit war immer auch eine Geschichte der technikgetriebenen Revolutionen. Die Technik war zuerst da, der arbeitende Mensch folgte. Erst wurden Nutzpflanzen mit Werkzeugen und

Landmaschinen kultiviert, dann machte die Dampfmaschine die Produktion effizienter – und dann kam Henry Ford.

Doppelt so viel Lohn – für weniger Arbeit

Nur drei Reporter von Lokalzeitungen waren zur Pressekonferenz der Ford Motor Company am 5. Januar 1914 geladen. Dabei hatte Henry Ford, der Firmenchef, nichts weniger als eine Revolution angekündigt. Wieder war es eine neue Technologie, die alles ändern sollte. Doch für die kleine Presserunde hatte Ford eine besondere Dramaturgie vorgesehen.

Zu Beginn kündigte er an, sein Unternehmen werde die Arbeitszeit von neun auf acht Stunden verkürzen. Zweitens: Der Lohn bei Ford werde von 2,30 Dollar pro Tag auf 5 Dollar angehoben – also mehr als verdoppelt. Doch damit nicht genug: Ford kündigte vor den drei anwesenden Journalisten an, man werde den Preis für das Automodell T, jenes berühmte, im Volksmund »Tin Lizzy« geheißene Fahrzeug, von 810 auf 310 Dollar senken, also um mehr als die Hälfte.

Das war ein tiefer Einschnitt. Mehr Geld für seine Arbeiter, die Autos wurden billiger – und das alles bei kürzerer Arbeitszeit. Er selbst sah es dann auch recht unbescheiden als die größte Revolution in der Arbeiterentlohnung. Das war es wohl tatsächlich. Schon wenige Tage später standen Tausende von Bewerbern an den Fabriktoren – alle wollten bei Ford arbeiten.

Aber was steckte dahinter? War es Altruismus? Gutmenschentum? Hatte sich Ford, der höchst erfolgreiche und sehr wohlhabende Geschäftsmann, von weltlichen Gütern losgesagt? Mitnichten.

Ford läutete damit die nächste technikgetriebene Revolution ein – nicht zuletzt aus ökonomischen Gründen. Das Neue war: Bei Ford wurde die gesamte Produktion auf Fließband umgestellt, für Historiker heute noch einer der größten Sprünge in der Geschichte der Industrialisierung. Nicht nur, dass die Produktion effizienter ablief, die Fließbandproduktion hatte auch noch einen weiteren bedeutenden Effekt: Das Auto wurde zum Massenartikel.

Bis 1914 war die Produktion von Autos ein aufwändiger Prozess gewesen. Qualifizierte Facharbeiter montierten jedes Fahrzeug von Anfang bis Ende. Mit der Fließbandeinführung wurde der Bau eines Autos in viele einzelne Handgriffe unterteilt, die auch von ungelernten Arbeitskräften ausgeführt werden konnten. Das hatte zur Folge, dass von da an effizienter gebaut werden konnte.

Und genau darin lag die Revolution, die doch vor allem eine unternehmerische Entscheidung war. Denn die Nachfrage nach Autos wuchs zu Beginn des 20. Jahrhunderts. Um das Jahr 1900 herum gab es in den USA rund 4.000 Autos, nach der Umstellung auf Fließbänder bauten Fords Arbeiter 4.000 Autos pro Tag. 1920 war Ford mit rund 200.000 Beschäftigten das größte Unternehmen der Welt.

In den Hallen schweißen die Roboter

Mit Ford begann es, die anderen zogen nach. In den 1950er und 1960er Jahren erlebte die Fließbandarbeit dann weltweit ihren Höhepunkt. Doch nicht immer erwies sich das System als zuverlässig. Wenn es an einer Station hakte, geriet die gesamte Produktion ins Hintertreffen. Deshalb begann die Suche nach mehr Flexibilität im Produktionsprozess.

Ab den 1970er Jahren eroberten dann nach und nach die Roboter die Werkshallen. Sie ersetzten die Arbeiter an den Montagebändern. Es wurde leerer und leerer in den Montagehallen. Bei Autoherstellern wie Toyota, VW oder Fiat wurden schon 1980 von 2.700 Schweißpunkten bei der Autofertigung nur noch 20 durch Menschen ausgeführt.

Vor der Jahrtausendwende begannen rechnergesteuerte Fertigungsmaschinen und sogenannte kollaborierende Roboter, ohne trennende Schutzgitter oder Lichtschranken Hand in Hand mit Menschen zusammenzuarbeiten. Heute wird mit Sensorik, Chips und Daten der Weg geebnet für die sogenannte Industrie 4.0, die nächste industrielle Revolution. Die Digitalisierung sorgt nun auch in der industriellen Fertigung von Gütern dafür, dass reale und virtuelle Welt weiter zusammenwachsen – bis hin zu einer maximalen Automatisierung der Produktion.

Parallel zu der Arbeit in Produktion und Industrie entwickelte sich im Laufe der Jahrhunderte das, was wir heute als Wissensarbeit bezeichnen: angefangen von den frühen Naturforschern über die ersten Physiker bis hin zu der Arbeit in Forschung und Entwicklung, wie wir sie heute kennen. Nicht zu vergessen die kreative und schöpferische Arbeit, die auf genialen Einfällen von menschlichen Köpfen beruht – und die Maschinen nicht in der Lage sind zu leisten.

Zurück in die Produktion: Was sagen die technischen Errungenschaften über die Arbeit? Die Produktion ist effizienter, maschineller geworden. Ist es die Arbeit auch? Oder von was reden wir, wenn wir von Arbeit reden? Was haben wir für ein Bild von Arbeit?

Fakt ist: Was Arbeit ist, wie Arbeit angesehen wird, was sie für den Menschen bedeutet, auch das hat sich parallel zu den technischen Entwicklungen weiterentwickelt. Wir müssen also das Bild, das wir von der Arbeit an sich haben, den neuen Gegebenheiten anpassen.

Arbeit als Quelle des Reichtums

Während Arbeit in der Antike als Belastung eingeschätzt wurde, sahen die Menschen im Mittelalter sie schon wesentlich positiver. Zunächst unterschied man zwischen Klerikern, Rittern und Arbeitenden, zu denen Bauern, Kaufleute und Handwerker zählten. Später zählten zu den Arbeitenden auch Professoren und die Intellektuellen an den neu entstandenen Universitäten. Die Verbreitung des Christentums, nicht zuletzt auch durch die Reformation Martin Luthers, bewirkte eine neue Entwicklung: Die Arbeit wurde zu etwas Gutem.

Oder anders ausgedrückt: Die Arbeit wurde zur Tugend. Max Weber sollte später den Begriff der protestantischen Arbeitsethik prägen. Luthers »Ora et labora« – »Bete und arbeite« – steht aber bereits stellvertretend für diese Entwicklung. Der Philosoph Thomas Hobbes ging zu Beginn des 17. Jahrhunderts noch einen Schritt weiter: In seinem Werk wird Arbeit zum ersten Male als Quelle des gesellschaftlichen Reichtums hervorgehoben. Zuvor waren Armut und Reichtum menschliches Schicksal oder göttliche Fügung. Von nun an galt Arbeit als Möglichkeit, sich das Leben eigenverantwortlich zu gestalten.

Dann betrat Karl Marx die Bühne des ökonomischen Denkens.

Der entfremdete Mensch

Beim Philosophen Karl Marx drehte sich vieles um den Arbeitsbegriff. Arbeit machte für ihn das Wesen des Menschen aus. Doch die Arbeit im Kapitalismus hat, so Marx, einen entfremdenden Charakter, vor allem weil der Arbeitende keinen Einfluss auf Art und Ziele seiner Arbeit hat, ihm die Produkte und Mittel der Arbeit nicht selbst gehören. Ziel der Arbeiterklasse sollte es daher sein, diese Entfremdung zu beseitigen.

Marx stellte den Mensch in den Mittelpunkt. Der Mensch sollte sich seiner Fähigkeiten bewusst werden und sich seine Welt selbst schaffen können. Jede Form der Selbstentfremdung und unternehmerischen Willkür sollte aufgehoben werden, der Produktionsprozess sollte dem Menschen dienen – und nicht umgekehrt. Das ist ein ganz entscheidender Punkt, über den wir auch heute zu diskutieren haben.

Marx hatte Mitte des 19. Jahrhunderts vor allem das Schicksal der Weber vor Augen, jener Arbeiter also, die im Zuge der Industrialisierung zu bloßen Produktionsfaktoren geworden waren. Er wollte dem Menschen Selbstbewusstsein und in gewisser Weise auch Eigenverantwortung zurückgeben. Es mag vermessen sein, aber wenn wir den Wandel anstreben, dann geht es auch darum, die Arbeitnehmer vor einer weiteren Entfremdung zu bewahren.

Wie und dass Marx pervertiert werden kann, haben wir in der Geschichte erlebt. Wir haben auch erlebt, wie beispielsweise in der DDR der Arbeitsethos verherrlicht und der Titel »Held der Arbeit« vergeben wurde. Während man sich im Osten Deutschlands an einem eigenen Bild der Arbeit berauschte, begann im Westen eine geistige Bewegung, die bereits »das Ende der Arbeit« einläuten wollte.

Die Philosophin Hannah Arendt beschrieb schon in den 1950er Jahren die »Aussicht auf eine Arbeitsgesellschaft, der die Arbeit ausgegangen ist, also die einzige Tätigkeit, auf die sie sich noch versteht«. Die These vom Ende der Arbeitsgesellschaft hält sich hartnäckig; vor einigen Jahren hat der amerikanische Soziologe Jeremy Rifkin erneut das »Ende der Arbeit« ausgerufen, und der deutsche Soziologe Ulrich Beck war der Meinung, dass »der Kapitalismus auf Dauer die Arbeit abschaffen wird«.

Fakt ist: Die Arbeit ist uns bisher nicht ausgegangen. Und das wird sie wohl auch nicht, allen pessimistischen Prophezeiungen zum Trotz. Die Frage ist vielmehr: Wie sieht die Arbeit von morgen aus? Was sind die Lehren aus der Geschichte? Welchen Wandel müssen wir einläuten, zumal die Sorge, dass uns Maschinen überflüssig machen, wieder einmal im Raum steht – nur dass »Maschinen« heute eher mit »Algorithmen« gleichzusetzen sind, und »Rohstoffe« mit »Daten«?

Wenn Maschinen ihre Dienste anbieten

Fellbach, eine 44.000-Einwohner-Stadt vor den Toren von Stuttgart. Hier wird viel Wein angebaut, vor allem das schwäbische Nationalgetränk, der Trollinger. Gerade der Kappelberg in Fellbach gilt als gutes Weinanbaugebiet in Württemberg. Doch in Fellbach entstehen nicht nur edle Tropfen, hier wird auch Industrie neu erfunden. In Fellbach denken die Maschinen bereits mit.

Bei der Wittenstein Bastian GmbH werden unter anderem Zahnräder hergestellt – und zwar als Blaupause künftiger Industrieproduktion. So, dass Maschinen mittels Internet miteinander kommunizieren und dass Werkstücke wissen und vor allem auch entscheiden, was aus ihnen werden soll.

Für diesen neuen Weg hat man den Oberbegriff »Industrie 4.0« ausgelobt. Das meint zum Beispiel: Die Fabrik von morgen kann so etwas wie ein Marktplatz werden, auf dem Werkzeugmaschinen ihre Dienste anbieten und von zu entstehenden Produkten sozusagen gebucht werden. Und das zu jedem Zeitpunkt. Die Kommunikation der Maschinen und Produkte läuft über Sensoren und Chips, ist drahtlos und basiert auf Funkstandards, was maximale Flexibilität ermöglicht.

Bereits heute kann das Unternehmen Spezifikationen eines Zahnrades »in letzter Minute« ändern, sagt Manfred Wittenstein, Gründer der Wittenstein AG und Vorreiter in Sachen Industrie 4.0. Die Fabrik in Fellbach ist ein Versuch. Man will dort lernen, wie intelligente Produktionsformen in einer echten Fertigung funktionieren. Wobei Manfred Wittenstein der Meinung ist, dass »auch in Zukunft der Mensch im Mittelpunkt« stehe. »Die Technik muss dem Menschen dienen, nicht umgekehrt, aber dank intelligenter Technik wird die Produktion der Zukunft dem Takt des Menschen folgen.«

Jeder kann Maschinen lenken

Es scheint so, als erlebten wir mit der digitalen Fabrikwelt einen neuen Henry-Ford-Moment. Also eine Umwälzung, sozusagen eine neue Dampfmaschine, ein neues Fließband. Die Werkstücke denken mit. Oder besser gesagt: Sie organisieren in Eigenregie ihre Herstellung. Mit Funkmodulen, Sensoren und Minichips. Doch der Rohstoff sind Daten. Mit Daten und der Vernetzung von Daten kann heute individuell und nach Bedarf produziert werden.

Ziel der 4.0-Vorreiter ist es, dass Einzelstücke nicht mehr teurer werden als Massenware – dass eine Massenfertigung mit der Losgröße 1 realisiert werden kann, und zwar indem mit der optimierten, datenbasierten Herstellung Material und vor allem auch Energie eingespart werden. Das intelligente Zusammenspiel von Sensorik und Robotik wird aber bereits weitergedacht. Denn wenn es gelingt, das Datenmaterial der bislang sehr aufwendigen Programmierung und Steuerung von Maschinen zusammenzuführen und durch ein einfaches, intuitives Bediensystem zu ersetzen, kann prinzipiell jeder eine Maschine steuern und den Produktionsprozess lenken, so wie jeder ein Smartphone bedienen kann.

In naher Zukunft wird vermutlich jeder, ob nun Fachmann oder Privatperson, mit komplexen Maschinen umgehen können. Diese lernenden Maschinen lassen sich mit Tablets, Smartphones oder Sprachsteuerung programmieren. Sie erfassen mit Sensoren die Umwelt, finden von selbst Werkzeuge und erkennen Hindernisse. Allein, ohne menschliche Hilfe.

Das heißt: Wir haben uns vom Acker entfernt, die Dampfmaschine hat uns viele mühevolle Arbeiten erleichtert, das Fließband hat die Massenproduktion ermöglicht, und nun wird uns die Arbeit endgültig abgenommen. Es sind Daten und Algorithmen, die uns die Arbeit abnehmen und fast eigenständig vor sich hinarbeiten. Was genau ist dann noch Arbeit?

Wissensarbeit nicht wie Fabrikarbeit organisieren

Nun, die Arbeit wird eben mehr und mehr zur Wissensarbeit. In Zeiten eines Internets der Dinge, bei dem sich nicht nur Menschen vernetzen, sondern auch Maschinen und Geräte, braucht es Ideen und Innovation, Kreativität und Schöpfertum, um Daten sinnvoll zu verknüpfen. Das werden künftige Inhalte von Arbeit sein, das wird immer mehr Menschen beschäftigen. Wobei eine entscheidende Frage zu beantworten ist: Wo soll diese Arbeit stattfinden?

Die heutige Welt ist eine Bürowelt. Was wir im Stadtbild sehen, sind keine Werkshallen, keine Produktionsstätten – wir sehen Büros. Und diese unterscheiden sich oft nur wenig vom Fordschen Fließbandprinzip. Wir erleben standardisierte Methoden, Mausklick nach Mausklick, und immer noch wenig Raum für schöpferisches Arbeiten, für Wissensarbeit. In Büros scheint sich der Mensch erneut zu »entfremden«, um den Begriff von Karl Marx aufzugreifen und auf die heutige Büroarbeit anzuwenden. Was der Mensch tut, scheint nicht immer seinem Wesen und seinen Fähigkeiten zu entsprechen, sondern wirkt fremdbestimmt.

Und das ist nicht nur aus menschlicher Sicht, sondern im Hinblick auf die Bedeutung von Wissensarbeit auch ein ökonomisches Wagnis. Denn obwohl die Mehrzahl der in Büros tätigen Menschen heute Wissensarbeiter sind, ist der Arbeitsalltag zumeist noch bestimmt durch Strukturen aus der Zeit der Industrialisierung – Cubicles, Anwesenheitspflicht und Zeiterfassung, starre Hierarchien, stark arbeitsteilige und vom Kunden und Produkt entfremdete Arbeitsprozesse, fehlsteuernde Incentive-Systeme und interne Politik nach Gutsherrenart.

7. DAS ENDE DER POSTKARTEN-ROMANTIK
WARUM WIR DAS BÜRO UND DIE ZIMMERPFLANZEN VERLASSEN WERDEN UND TROTZDEM PRODUKTIVER ARBEITEN

Der Büroschreibtisch: rechts steht ein Foto der Familie, links eine Zimmerpflanze, knapp neben dem Computer eine große Tasse, wahlweise mit einer Comicfigur oder einem Spruch (»Ich bin ein Genie, aber niemand bemerkt's«). In den Schubladen, die sich unterhalb des Tisches befinden, liegen: ein altes Twix, die zwei guten Kugelschreiber mit Gravur sowie Locher und Tippex (alles in der oberen Schublade). In der unteren Schublade liegen ein paar veraltete Formulare und eine Menge Papier, die mittlere Schublade ist leer. Um den Schreibtisch von anderen Schreibtischen abzugrenzen, hat der Innenarchitekt Stellwände beziehungsweise einen sogenannten Sichtschutz aufgebaut. An diesen Wänden hängen:

1. Postkarten (aus Zypern/Griechenland/Kroatien)

2. der Speiseplan der Kantine (»Vegetarische Woche«)

3. die Telefonliste

4. eine Einladung (wahlweise Weihnachtsfeier oder Mitarbeiterverabschiedung)

Zentral auf dem Tisch steht ein Computer, dessen Alter, Größe und Leistungsfähigkeit sich nach dem Innovationsgrad des jeweiligen Unternehmens bemessen. Am PC-Bildschirm kleben in der Regel einige Post-its, zum einen das (wichtigste) mit der

Nummer vom IT-Notdienst und das mit dem aktuellen Passwort (zur Freude des IT-Notdienstes). Im Computer selbst wird gerade eine neue Software installiert. Deshalb ist das tatsächliche Arbeiten nur eingeschränkt möglich. Der IT-Mann sagt, die Software sei noch nicht ganz ausgereift, aber spätestens in einem halben Jahr käme die neue Version. Dann würde alles besser.

Der Büroschreibtisch, wie wir ihn kennen und lieben – eine feste Institution der deutschen Nachkriegsgeschichte. Hier fühlen sich Mitarbeiter geborgen und aufgehoben: an ihrem Schreibtisch, in ihrem Büro. »Ich fahr ins Büro« – dieser Satz hat Generationen geprägt, ist er doch gleichbedeutend mit »Arbeit haben«, mit »tätig sein«.

War Arbeit vor hundert Jahren noch vor allem Industrie- oder Feldarbeit, also harte körperliche Arbeit, nahm die Zahl der Büroarbeitsplätze in den vergangenen Jahrzehnten deutlich zu. Der eigene Schreibtisch, der Platz in einem Unternehmen war eine zentrale Errungenschaft der Neuzeit, auch wenn dieser Arbeitsplatz in einem Großraumbüro stand und es häufig zu laut, zu warm, zu kalt, zu eng war.

Für die einen war der eigene Schreibtisch die Vorstufe zum eigenen Büro, für die anderen immer ein Platz, an dem sie gebraucht werden und wo sie hingehören. Man kommt rein, begrüßt die anderen, geht zu seinem Platz, stellt die Tasche ab, geht in die Kaffeeküche, um sich seinen Kaffee zu holen, kehrt zurück an den Platz, fährt den Rechner hoch – und arbeitet in »seinem Reich«. In den entwickelten Ländern verbringen nach neuesten Schätzungen weit mehr als zwei Drittel der Menschen ihre Arbeitszeit in einem Büro.

Kleiner als der Lokus

Die Hälfte jener Amerikaner, die in einem Büro arbeiten, sagt: »Meine heimische Toilette ist größer als mein ›Cubicle‹.« Ein Cubicle ist die Bürozelle, die mit Sichtschutz abgetrennte Arbeitskabine in einem Großraumbüro. Offenbar gibt es einen Zusammenhang zwischen der Verkleinerung der Arbeitszellen und dem Größerwerden amerikanischer Toiletten. Das glaubt zumindest Nikil Saval: »Die größeren Toiletten sind ganz offenbar eine Reaktion auf das Schrumpfen des Arbeitsplatzes, warum auch immer.« Die Cubicles seien in den vergangenen dreißig Jahren nachweislich kleiner geworden.

Der amerikanische Journalist hat sich das Thema Bürokultur vorgenommen und eine hochspannende Geschichte des Büros geschrieben, die in weiten Teilen eine sehr unterhaltsame Polemik gegen das Arbeiten in den Cubicles ist. Das Buch spricht all jenen aus dem Herzen, für die Büroarbeit moderne Käfighaltung ist und die sich in exakt abgemessenen Boxen fühlen wie ein Goldfisch im Aquarium.

Eigentlich, so Saval, stand der moderne Arbeitsplatz für das Versprechen von Freiheit, Kreativität und Aufstieg in der modernen Gesellschaft. Doch im Grunde ist das Büro der »routinierte Verrat« an diesen Idealen. »Kein anderer Arbeitsplatz hat so viele Hoffnungen in Bezug auf eine bessere Zukunft geweckt – und kein anderer sie so gründlich enttäuscht«, meint Saval.

Wie konnte es dazu kommen?

Komplett ungesunde Bürolandschaften

Für Saval ist die Geschichte des modernen Arbeitsplatzes eine Geschichte des andauernden Versuchs, ihn zu optimieren.

Doch egal wie innovativ die Ideen und die Architektur, »am Ende gab es immer nur eine weitere Mode der humanen Käfig- und Kleingruppenhaltung«. Das war eigentlich nicht die Absicht.

Die Geschichte des Büros weist weiter zurück, Saval beschränkt sich aber vor allem auf die Neuzeit. Er beschreibt beispielsweise, wie in den späten 1950er Jahren zwei Deutsche, die Brüder Wolfgang und Eberhard Schnelle, die »komplett ungesunden« Office Landscapes erfanden, die Bürolandschaften. Die Einzigen, denen die Erfindung nutzte, mokiert sich Saval, waren die Unternehmen, weil diese Landschaften eindeutig günstiger waren als Einzelbüros. Sie sparten damit schlichtweg Geld. Für diejenigen, die darin arbeiten, bedeutet es: Käfighaltung.

Die extremen Cubicles, die lichtarmen Boxen, unterscheiden sich dennoch in Grundzügen von deutschen Büros. In Deutschland gibt es schon sehr lange eine Bauvorschrift, wonach alle Räume, an denen feste Arbeitsplätze installiert sind, einen direkten Zugang zu Tageslicht haben müssen. Ein deutscher Büroarbeiter hat ein Recht auf Licht. Daher gibt es in Deutschland die großflächigen Cubicle-Etagen, wie wir sie aus den USA kennen, nicht. Das Gefühl des Eingepferchtseins ist allerdings hiesigen Büroarbeiten nicht fremd. Da scheint die Zeit reif für einen historischen Wandel.

Import-Export braucht Buchhaltung

Angefangen hat es zu Zeiten der Renaissance mit dem »Kontor«. Der zunehmende Handel mit fernen Ländern brachte viel Bürokratie mit sich. Man importierte Pfeffer, Nelken, Zimt und andere Gewürze aus dem Orient, Pelze und Felle aus dem

Baltikum oder Wolle aus England. Exportiert wurden wiederum Eisenwaren aus dem Bergisch-Märkischen, deutsches Bier oder Salz.

Dieses Import-Export-Geschäft machte eine Buchhaltung notwendig. Waren mussten geprüft werden, Barzahlungen wurden nachgezählt und die Münzen auf der Münzwaage kontrolliert, um Fälschungen auszuschließen. Es musste alles verrechnet und verbucht werden, es mussten Briefe an Handelspartner und Niederlassungen in aller Welt geschrieben werden. Es musste Buch geführt werden über Einkauf und Verkauf, es musste geplant und kalkuliert werden. Dafür gab es bald einen eigenen Ort: das Kontor.

Das Kontor wurde schnell zum wichtigsten Ort in einem Handelsunternehmen und gilt als Vorläufer der modernen Büros. Denn in ihm stand auch das bis heute wichtigste Möbelstück eines Büros: der Schreibtisch. Im Heinz-Nixdorf-Museum in Paderborn, einem Museum für Büro und Computer, lassen sich viele der damals verwendeten Utensilien heute noch besichtigen.

Neben dem »Papierkram« befanden sich auf dem Tisch des Kaufmanns: 1. Gänsekiel zum Schreiben, 2. Tintenfass, 3. die Münzwaage. Die wachsende Menge an Schriftverkehr wurde noch nicht alphabetisch, sondern chronologisch geordnet in Geschäftsbüchern zusammengefasst oder lose aufgestapelt. Mehrere solcher Stapel legte man oft nebeneinander auf eine Bank. Damals entstand der Ausdruck »etwas auf die lange Bank schieben«, der sich bis heute gehalten hat: Wenn wir zweihundert ungelesene E-Mails, acht offene Chats, mehrere geöffnete Dateien haben und außerdem versuchen, diverse Social-Network-Anfragen zu beantworten, schieben wir die (allerdings papierlosen) Vorgänge auch auf die sprichwörtliche lange Bank.

Straff, korrekt und diszipliniert –
die deutsche Amtsstube

Im späten 19. Jahrhundert begann man, die Kontore zu großen Kontorhäusern zusammenzulegen, vor allem in wichtigen Handelsstädten wie Hamburg. So entstanden die ersten
reinen Bürogebäude. Parallel entwickelte sich die deutsche
Amtsstube, denn das 19. Jahrhundert war nicht nur das Zeitalter der Industrialisierung, sondern auch der stetig anwachsen-
den Verwaltungsarbeit. Steuern, Sozialversicherung, Planungs-
und Überwachungsaufgaben bedingten das Aufkommen
eines bürokratischen Apparats, der zum Vorbild für viele wurde und wenig charmant, dafür allerdings klar strukturiert arbeitete. Statt Leichtigkeit zog Strenge in den Apparat. In der Tat
unterstand die Büroarbeit dem militärischen Zeitgeist. Seine
Kennzeichen waren straffe Hierarchie, Korrektheit, Disziplin und
bürokratische Zweckmäßigkeit.

Man arbeitete mit Federhalter und Tintenfass, geschrieben
wurde an Stehpulten, am Schreibtisch saßen nur die Vorgesetzten. Es entwickelten sich die bürokratischen Klassiker:
Stempel und Vordrucke. Mit frühen Kopierpressen konnten
Schriftstücke vervielfältigt werden. Das machte Verwaltungs-
vorgänge gleichartig und wiederholbar. Vor allem wurde die
Arbeit ordentlicher: Es gab Sortierfächer, Archivschränke, Kar-
teikarten. Das alles erhöhte die Effizienz der Verwaltung. Doch
nicht nur die Schriftstücke wurden sauber sortiert. Auch die
Verwaltung an sich sortierte sich neu, übrigens gerade auch
in Unternehmen. Abteilungen wie Auftragsannahme, Kalku-
lation, Versand oder Buchhaltung wurden gegründet und geleitet von Abteilungsleitern. Das Organigramm in Verwaltung
und Unternehmen vergrößerte sich deutlich, mit der Folge,
dass der Einzelne nicht mehr genau wusste, welche Bedeutung seine Arbeitsleistung für das Ganze hat.

Eine Erfindung sorgte 1874 für eine weitere Effizienzsteigerung: In den USA kam mit der Sholes & Glidden die erste serienmäßig hergestellte Schreibmaschine auf den Markt. Und damit begann eine Revolution. »Mit der Maschine konnte nicht nur schneller geschrieben werden, mit ihr war es auch möglich, im gleichen Arbeitsgang mehrere Durchschläge für die Ablage zu erstellen«, heißt es im Heinz-Nixdorf-Museum. Die Schreibmaschine brachte endgültig Tempo ins Büro. Die zweite Erfindung war das Telefon. Ein Gerät, das von da an die Ausstattung eines Büros prägen sollte.

Burn-out hieß noch nicht Burn-out

Mit den Büroarbeiten etablierte sich in den ersten Jahren des 20. Jahrhunderts ein neues Berufsbild: der Angestellte. Zwischen 1907 und 1925 hatte sich die Zahl der angestellten Bürokräfte im Deutschen Reich verdoppelt, der Anteil der Frauen unter ihnen sogar verfünffacht. Die neuen Großbetriebe, die Verwaltung: Alle benötigten Büroarbeiter und Schreibkräfte. In den 1920er Jahren gab es in Deutschland zum Teil bereits riesige Schreibsäle, in denen Dutzende von Arbeitnehmerinnen und Arbeitnehmer saßen – und tippten und tippten.

Mit zum Teil verheerenden Folgen für die Gesundheit, wie das HNF-Museum berichtet: »Die einseitige, kraftaufwendige und nicht zuletzt laute Arbeit des Schreibsaals führte häufig zu Beeinträchtigungen der Gesundheit wie Nervosität, Schwindel, Erschöpfung.« Nur hieß der Burn-out damals noch nicht Burn-out. Doch es gab erste Anzeichen, dass der Schreibsaal und später das Großraumbüro, die lauten Orte der Massenmenschhaltung, verbunden mit einer einseitigen Arbeit nicht gerade gesundheitsfördernd sind. Und dass eine Arbeit, die auf den ersten Blick nicht körperlich anstrengend ist, jedoch in geballter Ansammlung geleistet werden muss, Menschen auslaugen kann.

Büroarbeit wie am Fließband

Im Zweiten Weltkrieg erlebten die bürokratische Organisation und die maximal perfektionierte Verwaltungsarbeit gerade in Deutschland eine höchst pervertierte Form. Nach dem Krieg war die Büroarbeit dann vor allem von einem Begriff geprägt: Rationalisierung. Immer mehr Büromaschinen wie Diktiergeräte, Buchungsmaschinen oder erste Kopierer veränderten die Arbeitsabläufe. Einzelne Arbeitsschritte wurden immer kleinteiliger zergliedert, die Arbeitsteilung immer weiter vorangetrieben – wie die Produktion am Fließband.

Während die Arbeit immer »rationeller« wurde, änderte sich in der Ausstattung einiges. Die Brüder Schnelle entwarfen die ersten Großraumbüros, die vor allem in Amerika großen Zuspruch erfuhren. Wie auch die Erfindung von Robert Propst, einem Designer, der 1964 den Prototypen eines neuen Büros schuf: das sogenannte »Action Office«, eine Arbeitsparzelle, die schon sehr dem Cubicle ähnelte.

Doch das Action Office traf nicht nur auf Gegenliebe. Bürobiograf Saval zitiert in seinem Buch **Cubed** den Designer George Nelson, der befürchtete, diese neuen Arbeitszellen seien nicht nur nicht gut für Menschen, sondern würden »Unternehmens-Zombies« hervorbringen. Doch allen Unkenrufen zum Trotz trat das Großraumbüro seinen Siegeszug an, parallel mit einer alles andere in den Schatten stellenden Erfindung: dem Computer.

Die nächste Raketenstufe: das Internet

Seit Ende der 1970er Jahren wurden Büros mit diesen neuen Maschinen ausgestattet, und heute stehen Computer in Büros überall auf der Welt. Noch 1977 sagte Ken Olsen, der CEO und Gründer eines der ganz großen Technologieunternehmen des 20. Jahrhunderts, der Digital Equipment Corporation, während eines Vortrages vor der World Future Society:»Es gibt keinerlei Grund für irgendeinen Menschen, einen Computer zu Hause zu haben.« Im selben Jahr, also 1977, zeichnete der Gründer eines kleinen innovativen Start-ups aus der Nähe von Seattle – Microsoft Corporation – in einem Zeitungsartikel seine ganz andere Vision für die Zukunft:»A PC on every desk and in every home.« Und diese Vision sollte schneller Realität werden, als man es sich damals vorstellen konnte.

Die 1980er waren geprägt von diesem Wandel, vom Erlernen dieser neuen Kulturtechnik, von der Umstellung zahlreicher Arbeitsprozesse. Computerarbeit machte Schreiben leichter und vereinfachte bürokratische Prozesse – sorgte allerdings bedingt durch das Ausdrucken auch für eine immer größer werdende Papierflut.

Die nächste Raketenstufe der Bürowelt wurde Mitte der 1990er Jahren gezündet – und zwar mit dem Internet. Es wurde zu dem alles entscheidenden Begriff in der modernen Büro- und Kommunikationswelt.

Verglichen damit war es eine Randerscheinung, dass man in den 1990er Jahren begann, sich auch mit der Gesundheit im Büro zu beschäftigen, beispielsweise mit der Einführung ergonomisch geformter Schreibtischstühle oder dem Einhalten eines entsprechenden Abstands zum Computer, damit die Augen geschont werden. Nach der Jahrtausendwende wurde das Arbeiten dann zunehmend mobiler. Handys und Smartphones eroberten den Arbeitsalltag auch von Büroarbeitern, der Desktop wurde vom Notebook abgelöst, und Wireless-LAN, also der kabellose Netzzugang, ermöglicht es, prinzipiell überall arbeiten zu können. Doch diese Innovation ist noch nicht in letzter Konsequenz in den Arbeitshabitus der Büro-angestellten eingeflossen.

Das Ende der »langen Bank«

Viele würden gerne die Illusion der schönen Arbeitswelt von gestern aufrechterhalten. Die Mitarbeiter kommen morgens um neun Uhr und gehen nachmittags um fünf. Zwischen diesen beiden Fixpunkten wird zuverlässig der Job erledigt. Der Chef schaut ab und zu nach dem Rechten. Es gibt gutes Geld, die Kollegen sind nett, die Kaffeeküche heimelig – und das Unternehmen steuert robust und zuverlässig durch die Weltmärkte.

Denkfehler. Kein Unternehmen kann sich heute darauf verlassen, dass in sechs Monaten noch gilt, was heute gilt. Kein Unternehmen kann Gewissheiten geben. Wandel ist immer: gestern, heute, morgen. Und das gilt eben auch für unsere Art zu arbeiten. Nur versäumen wir es bisher, die Arbeit zeitgemäß zu organisieren.

Globales Arbeiten

Was wir hier betreiben, ist keine Nostalgie. Das Büro, wie es viele noch in den Köpfen haben, wird es so vermutlich nicht mehr geben. Um Missverständnissen direkt vorzubeugen: Wir glauben fest, dass es auch in Zukunft noch Büros geben wird, also Gebäude, in denen Wissensarbeit stattfindet, diese werden aber fundamental anders aussehen.

Wenn Entwicklungsteams über den Globus verteilt sind, wenn Flexibilität und Mobilität Einzug halten, wenn heute schon völlig neue Arbeitszeitmodelle greifen, wird es den Klaps auf die Schulter oder das Lob vom Chef immer seltener persönlich geben. Eng zusammenarbeitende Teams sind heute schon zeitlich und räumlich getrennt. Man kann sogar mit einer Zehn-Personen-Agentur global arbeiten, mit Kollegen aus Indien oder Kanada.

Das heißt: Es ist schlichtweg nicht mehr notwendig, stundenlang in Büros zu sitzen. Ausgestattet mit Smartphones, Tablets oder Laptops ist Arbeit längst nicht mehr ortsgebunden, schon gar nicht bürogebunden. Sie kann überall stattfinden. Und sie sollte überall stattfinden.

Denn sie kann krank machen, diese Form der »geregelten« Arbeit. Die Zahl der psychischen Erkrankungen steigt, Stress im Büro und Überbelastung zehren an den Menschen, auch wenn der Stress oft weniger mit der Arbeit an sich zu tun hat, sondern eher mit der Organisation von Arbeit. Eine weitere Herausforderung ist, dass wir alle verstärkt Wissensarbeit und kreative Arbeit leisten sollen, das allerdings in Umgebungen, die noch immer dem Maschinenzeitalter verhaftet sind.

Um wirklich gut zu sein, brauchen Wissensarbeiter eigentlich kein Büro. Auf gute Ideen kann man an vielen Orten kommen. Man braucht nicht mal einen Schreibtisch, auch keine Telefonliste (ist ja alles im Smartphone), auch keine Postkarte (man bekommt eher Skype-Nachrichten), nicht einmal eine Zimmerpflanze. Und Kaffee gibt es ohnehin überall. Das Ergebnis: Schon heute leeren sich die Büros.

Weil viele vom flexiblen Arbeiten Gebrauch machen, weil technologisch einiges möglich ist, verlassen Wissensarbeiter ihre Stammkaffeetassen und tippen an anderen Orten. Wir bei Microsoft erleben das jeden Tag, andere Firmen ziehen nach. Die Folge sind leer stehende Büros.

Ehrlich gesagt haben verwaiste Schreibtische und schwach besetzte Großraumbüros immer etwas Trostloses: kein Geräusch, kein Tippen, keine wirkliche Atmosphäre. Und so etwas wie eine Unternehmenskultur kann in dieser Umgebung kaum gelebt werden. Nicht zuletzt ist es natürlich ökonomisch fragwürdig, Büros zu heizen und mit Strom zu versorgen, die nicht einmal besetzt sind.

Wie man sich die Zukunft der Arbeit vorstellen muss, damit haben sich auch Alison Maitland, Journalistin und Gastprofessorin an der Londoner Cass Business School, und Peter Thompson, Leiter des Future Work Forum am Henley Management College, beschäftigt. Sie befragten 366 Manager weltweit, wie diese sich die Zukunft der Arbeit, der Arbeitszeit und des Arbeitsplatzes vorstellen.

Mit dem Ergebnis, dass die meisten eine Revolution erwarten: Angestellte sollen selbst entscheiden, wann und wo sie arbeiten, Büros werden zu Treffpunkten für Besprechungen, gezahlt wird für Produktivität und nicht für abgesessene Stunden. Rund 90 Prozent glauben sogar, dass ihre Mitarbeiter produktiver sind, wenn sie ihre Arbeit selbst organisieren können. Und mehr als 80 Prozent glauben, so die beiden Forscher, dass sich neue Arbeitsformen positiv auf ihr Unternehmen auswirken würden.

Klar ist: Die Bedeutung des Büros wird sich verändern. Arbeitsplätze werden zu Treffpunkten, in denen sich Angestellte für Teambesprechungen treffen oder mit ihren Kunden beraten. Daran wird sich nichts ändern. »Menschen brauchen diesen Kontakt, um nicht sozial isoliert zu sein«, sagt Maitland. Deshalb seien physische Arbeitsplätze, an denen Leute zusammenarbeiten oder sensible Gespräche führen, auch in Zukunft wichtig.

Nur werde nicht mehr entscheidend sein, wie lange jemand an seinem Schreibtisch sitzt, sondern was er dort leistet. Und wenn er auf der Parkbank sitzend bessere Leistungen erbringt, dann soll er dort arbeiten dürfen. »Es ist eine Illusion zu glauben, Manager könnten überprüfen, dass die Leute produktiv arbeiten, nur weil sie sie an ihren Computern sehen«, so Maitland. Ein klares Plädoyer dafür, Menschen nach Ergebnissen zu bewerten und nicht nach der Zeit, die sie im Büro verbringen.

Open, Open, Open

Doch so überzeugt viele vom Wandel sind und davon, dass ihre Mitarbeiter produktiver sein werden, wenn sie sich selbst organisieren – die Realität sieht noch anders aus. Das Industriezeitalter hat die Arbeitswelt noch fest im Griff, noch hängen viele Postkarten an Stellwänden. Das Trendbüro, ein Beratungsunternehmen für gesellschaftlichen Wandel, hat im Auftrag des Verbands Büro-, Sitz- und Objektmöbel (bso) die Studie »New Work Order« erstellt und Trends in der Arbeitswelt analysiert.

»Wir werden uns ganz schön umstellen müssen«, sagt Birgit Gebhardt vom Trendbüro. Die Zukunft ist projektorientiert, aber die Unternehmen sind darauf noch nicht eingestellt. »Die überkommenen Silo-Strukturen müssen aufgebrochen werden«, sagt Gebhardt. Das betreffe vor allem die Organisation der Mitarbeiter. Projektarbeit brauche »Open Spaces«, keine Einzelzellen – und Open Space bedeutet offene Struktur. Es müssten also wesentlich mehr Räume für Projektarbeit eingerichtet werden.

»Eigentlich braucht man das Büro nicht mehr als den Ort, wo das technische Equipment für die Arbeit vorhanden ist. Vielmehr nutzen Angestellte die Räume als Ort der Vernetzung und der Kommunikation.« Wenn die Voraussetzung der Umgebung neu geschaffen wird, ändert sich auch die Art der Arbeit. »Menschen verhalten sich entsprechend ihrer Umgebung«, so Gebhardt. Das müsse die Architektur und Gestaltung viel stärker nutzen, um den Mitarbeiter für den jeweiligen Arbeitsmodus zu stimulieren. Wenn man überall arbeiten kann, wird man es dort tun, wo es am schnellsten und besten geht – und den meisten Spaß bringt. Und das kann eben auch im Büro sein.

Von neun bis fünf am Schreibtisch sitzen und dabei kreativ und produktiv sein? Das ist die Frage, vor der heute Unternehmen, Arbeitgeber und Forscher stehen. Sicher ist: Mit der Vielzahl neuer Informations- und Kommunikationstechnologien bieten sich enorme Möglichkeiten der Arbeitsgestaltung. Und sicher ist auch: Wer das flexible Arbeiten einmal ausprobiert hat, der möchte nicht mehr zurück.

Wie verbreitet die neue Form des Arbeitens ist, zeigt eine Umfrage der Wirtschaftswoche aus dem Jahr 2013 unter den rund 160 in Deutschland börsennotierten Unternehmen. Unabhängig von Größe und Branche geben bereits 36 Prozent der Befragten an, dass die virtuelle Zusammenarbeit für sie eine »bedeutende Rolle« spielt. Fast zwei Drittel der Unternehmen teilen ihr darüber hinaus eine »wachsende Rolle« zu (64 Prozent).

Doch obwohl viele dafür und viele auch überzeugt sind, ist das althergebrachte Nine-to-five-Arbeitsmodell auch heute noch in vielen Unternehmen Standard. Deshalb hat das Beratungsunternehmen Johnson Controls Global WorkPlace Solutions (GWS) im Jahr 2009 eine Studie unter Büroarbeitern gestartet. Für die Studie wurden 1.700 Büroangestellte in sieben Ländern dazu befragt, welche Veränderungen sie bis 2020 in Bezug auf ihr Arbeitsumfeld erwarten.

Viele der Teilnehmer glaubten, dass Videokonferenzen und damit auch die Arbeit in virtuellen Teams, mit Kollegen an verschiedenen Standorten, ganz alltäglich werden. Demnach steigt die Nutzung von Webkonferenzen von heute 19 Prozent auf 57 Prozent im Jahr 2020. 44 Prozent der Befragten gehen sogar davon aus, dass auch Videokonferenzen in 3D häufig genutzt werden. Sie glauben auch, dass sie weniger Zeit in Einzelbüros, am Telefon oder in traditionellen Besprechungszimmern verbringen werden.

Offenbar werden wir uns von einem weiteren liebgewonnen Büroutensil verabschieden: dem klassischen Festnetzanschluss. 50 Prozent der Befragten gaben an, dass sie häufig ihr Schreibtischtelefon nutzen, für das Jahr 2020 erwartet das nur noch ein Drittel. Wir bei Microsoft haben uns schon vor ein paar Jahren gegen den Festnetzanschluss entschieden. Das Smartphone und Telefonie-Software wie Lync oder Skype sind die Schlüssel für die neue Art zu arbeiten.

Lärm macht unproduktiv

Vor allem mit einem menschlichen Bedürfnis ist in den Büros dieser Welt bisher fahrlässig umgegangen worden: mit dem Bedürfnis nach Ruhe. Der Schallpegel an manchen Arbeitsplätzen ist in der Tat bedenklich, vor allem in Großraumbüros. »Ich halte die Höhe des Schadens und den Grad der Belästigung für unterschätzt«, sagt der Mediziner und Psychologe Markus Meis, der für das Hörzentrum der Universität Oldenburg forscht. Die Leistungsfähigkeit von Mitarbeitern könne durch Bürolärm um 5 bis 10 Prozent sinken. Größter Störenfried seien vor allem die Gespräche von Kollegen. Für Meis liegen die Fehler schon am Anfang, bei der Planung eines Großraumbüros: »Lärm ist zu wenig im Visier.«

Auch Georg Brockt von der Bundesanstalt für Arbeitsschutz und Arbeitsmedizin in Dortmund sieht im Lärm eine Belastung:»In einem Großraumbüro ist es fast unmöglich, wissenschaftliche Texte zu schreiben oder komplexe Berechnungen anzustellen.« Er wolle Büros nicht verteufeln, weil sie im kommunikativen und sozialen Bereich sicher Pluspunkte brächten. »Aber akustisch sind sie nicht vorteilhaft«, sagt Brockt. Das ist also ein weiter Grund, Arbeitsumgebungen neu zu denken und nach dem zu schauen, was Menschen guttut.

Der Lärm und die Unruhe, die vor allem durch die Gespräche der anderen entstehen, seien in der Tat eines der größten Probleme im Büro, bestätigt auch Michael Kastner, Leiter des Instituts für Arbeitspsychologie und Arbeitsmedizin in Witten-Herdecke.»Das führt dazu, dass sich die Mitarbeiter nicht konzentrieren können. Die meisten Menschen fühlen sich außerdem unwohl, wenn sie sich nicht vor fremden Blicken abschirmen können oder sogar mit dem Rücken zu einem Durchgang sitzen. Das hat evolutionäre Gründe: Wir sind immer noch Jäger und Sammler und brauchen eine Höhle, ein Gefühl von Geborgenheit und Stabilität. Deshalb versuchen Mitarbeiter in Großraumbüros, sich mit Schränken oder Topfpflanzen ein bisschen abzuschirmen. Und Glaswände werden mit Postern als Sichtschutz zugeklebt.«

Klimaanlagen seien übrigens auch ein klassisches Problem im Großraumbüro.»Frauen und Männer haben ein unterschiedliches Kälteempfinden, Männern ist es meistens eher zu warm, Frauen zu kalt. Deshalb wird die Klimaanlage auf einen Mittelwert eingestellt – und niemand fühlt sich wohl.« Diese Bedürfnisse erfordern bei der Planung und Gestaltung von Büroräumen neue Strukturen. Offenbar ist es so, dass die Arbeitsumgebung bisher nicht den persönlichen Bedürfnissen gerecht wird, weder was Lärm noch was Licht betrifft.

Es geht dabei nicht nur um die schöne Deko. Wenn man heute Büros plant, sind Akustiker und Lichtplaner ganz wichtige Partner, so auch bei unserem Neubau der Microsoft-Deutschland-Zentrale in Schwabing. Selbstverständlich muss ein Büro auch bisherige Anforderungen erfüllen, beispielsweise sollte die Logistik geklärt sein: Wer muss wann wohin? Wie sehen Büros für Vertriebsmitarbeiter aus, die weniger im Büro arbeiten? Und was ist die ideale Umgebung für Marketingexperten oder Strategen?

Die Lage und Ausstattung eines Büros im Hinblick auf die einzelnen Berufsgruppen wird dabei immer wichtiger, ebenso wie natürlich auch eine ansprechende Atmosphäre. Denn warum sollen Mitarbeiter an trostlosen Orten ihre Tage verbringen, warum sollen sie zahllose Kompromisse machen bei dem, was ihnen Sinn verleiht: ihrer Arbeit?

8. STRESS: ODER WIE KRANK IST DIE EIGENE FIRMA?

WARUM NICHT NUR BAUARBEITER EINEN HELM BRAUCHEN UND WELCHEN VOLKSWIRTSCHAFTLICHEN SCHADEN PSYCHISCHE ERKRANKUNGEN VERURSACHEN

Wenn die Mitarbeiter krank werden, ist »häufig die Firma der Patient«, sagt Werner Stork, Wirtschaftsprofessor an der Hochschule Darmstadt. Wenn Stork von Krankheit spricht, dann meint er: Stress. Beruflicher Stress gilt laut der Weltgesundheitsorganisation (WHO) als »eine der größten Gefahren des 21. Jahrhunderts«. In Deutschland gingen, so Stork, mehr als die Hälfte der »verlorenen« Arbeitstage auf Stress zurück. Doch woher kommt er? Was macht die Menschen krank? Und warum ist häufig die Arbeit die Ursache von Stress und psychischen Erkrankungen?

Tragen, heben, hämmern

Einer der Gründe ist der Wandel in der Arbeitswelt. Oder besser gesagt die Tatsache, dass nicht in allen Unternehmen erkannt wurde, welche neuen Belastungen der Wandel verursacht. In der früheren Arbeitswelt bestanden die Anforderungen an die Mitarbeiter aus eher körperlichen Tätigkeiten: tragen, heben, bücken, drücken, hämmern, sägen, schrauben. Diese Tätigkeiten machten einen Großteil der Arbeit aus. Der Anteil der produzierenden Arbeiterinnen und Arbeiter lag in Deutschland im Jahr 1930 bei 70 Prozent, der Anteil der Wissens- und Servicearbeiter bei 30 Prozent.

Inzwischen haben sich die Anteile verschoben. Das zeigt nicht zuletzt die Entwicklung in den USA: 1963 befanden sich unter den Top-50-Unternehmen der US-Wirtschaft gerade mal vier wissensbasierte Unternehmen, darunter damals ganz neu: IBM. 2013 waren unter den Top 50 mehr als die Hälfte wissensbasiert – und mit Microsoft, Apple und Google gleich drei »Wissensunternehmen« unter den vier größten. Lediglich der Energiekonzern Exxon-Mobile konnte noch mithalten.

In den genannten Unternehmen geht es eben nicht mehr um »Hämmern« oder »Heben«. Wissensarbeit ist heute kommunizieren, freundlich sein, abstimmen, verhandeln, moderieren, recherchieren, analysieren, entscheiden. Dass das einen Menschen nicht nur fordert, sondern ihm eben auch Stress bereiten kann, ist eine neue Erkenntnis, die noch viel zu oft unterschlagen wird.

»Früher hatten die Arbeiter von der körperlichen Arbeit einen Muskelkater, heute sind es eben die Stresssymptome«, sagt Werner Stork. Er unterscheidet zwischen zwei Typen von Stressoren, also Stressverursachern. Zum einen sind es die Verhältnisstressoren, darunter fallen die Arbeitsumgebung, der Lärm im Großraumbüro oder unklare Arbeitsanweisungen. Die anderen Verursacher sind die Verhaltensstressoren, also Stressfaktoren, die sich durch das Verhalten des Mitarbeiters ergeben, beispielsweise die innere Einstellung, der Ehrgeiz, die Haltung zu Problemen oder auch recht banale Dinge wie der angemessene Umgang mit der E-Mail-Flut, Konferenzen oder Anrufen.

Beide Stressoren, Verhältnis- und Verhaltensstressoren, wirken vor dem Hintergrund eines massiven Wandels in vielen Branchen. So sind die einzelnen Produkte und Dienstleistungen immer rascheren Zyklen unterworfen, alles ändert sich in unglaublichem Tempo, auch Strukturen und Prozesse. Und diese Dynamik verunsichert viele Menschen, sorgt für Instabilität in Unternehmen. Was heute gilt, muss morgen nicht mehr gelten.

Damit einher geht die Forderung nach einer permanenten Weiterbildung. Das lebenslange Lernen ist längst ein eher bedrohliches Mantra geworden und führt zu einem steigenden Leistungsdruck bei zunehmender Verdichtung der Arbeit. »Das alles ist auch verantwortlich für die Zunahme von Stress«, sagt Stork.

Burn-out-Anteil bei 7 Prozent

Gestresste Mitarbeiter seien aber kein individuelles Problem, sie würden immer mehr auch zum ökonomischen Problem einer Firma, so Stork. »Wir haben inzwischen rund 50 Millionen stressbedingte Krankheitstage pro Jahr in Deutschland.« Und immer häufiger führt der Stress zum Ausfall, zum Burn-out. Das Manager Magazin hat 2012 ein Ranking der vom Burn-out ihrer Mitarbeiter betroffenen DAX-Konzerne gemacht. Ganz vorne stehen darin vor allem Finanzdienstleister und Versicherer, gefolgt von Energieunternehmen.

Doch Stork sieht nicht nur im Burn-out das Problem, sondern vor allem auch in der Phase zuvor, wenn überlastete, psychisch angeschlagene Mitarbeiter eine Phase der »fallenden Performance« durchlaufen, noch ehe sie krankheitsbedingt ausfallen. Diese Phase ist geprägt von dem, was wir »Dienst nach Vorschrift« nennen, von fehlendem Engagement, von der »inneren Kündigung«, von Stress. Gestresste Mitarbeiter werden unfreundlich, sind schnell genervt, auch gegenüber Kunden. Es gibt häufiger Konflikte, auch innerhalb der Belegschaft, und Innovations- oder Veränderungsbereitschaft sind nur noch schwach ausgeprägt. Man verschleppt Entscheidungen und gibt sich unwillig.

Das alles wirkt sich auf die Qualität der Arbeit aus, es entstehen Fehler, die Zahl der Reklamationen nimmt zu, Kunden springen ab. Das sei eigentlich die Phase, die ein Unternehmen teuer zu stehen kommt, sagt Stork: wenn gestresste Mitarbeiter nachlassen, wenn die Qualität nicht mehr erreicht werden kann. Das gilt für die Verkäuferin im Kaufhaus, die unfreundlich zu Kunden ist, aber auch für die IT-Fachkraft, bei der sich kleine, aber folgenschwere Fehler einschleichen. Die Anzeichen für Stress ähneln sich. Meist ist die Wahrnehmung getrübt, man bekommt den sogenannten Tunnelblick, das Erinnerungsvermögen lässt nach, man wird unflexibler, kann sich kaum etwas Neues vorstellen, geschweige denn es angehen, und man ist kaum noch in der Lage, Kritik oder Feedback zu ertragen.

Stress drückt das BIP

Körperliche Folgen von Stress sind nicht selten Schlafstörungen, das berühmte Zähneknirschen, ein geschwächtes Immunsystem, Herz- oder Rückenprobleme. Das alles verursacht Krankheiten, Fehltage, Arbeitsausfall – und nicht zuletzt einen enormen volkswirtschaftlichen Schaden. Das Hamburger Weltwirtschaftsinstitut (HWWI) beziffert die Einbußen durch Leistungsminderung in Form von nicht realisierter Produktion und Wertschöpfung auf 364 Milliarden Euro. Das entspricht rund 16 Prozent des deutschen Bruttoinlandsprodukts (BPI). Stress schadet der Wirtschaft.

Laut einer Studie des HWWI fühlen sich zudem 79 Prozent der Befragten so stark belastet, dass sie selbst von einer Leistungsminderung am Arbeitsplatz ausgehen.»Offenbar passen vielerorts die Vorstellungen von Führung und Kultur in den

Unternehmen nicht mehr zu den Anforderungen der Wertschöpfung in wissensbasierten Unternehmen«, sagt Stork. Deshalb müsse aus seiner Sicht dringend etwas geschehen. Gerade Wissensarbeiter müssten vor Stress geschützt werden, sonst sinke deren Leistungsfähigkeit und Produktivität massiv. Doch was tun?

»Ich kenne einen Mediziner, der sagt: ›Wenn ich nicht genau wüsste, dass es ungesund ist, würde ich den Menschen wieder Rauchpausen verordnen‹«, erzählt Stork. »Die Zigarette begünstigt zwar Krankheiten wie Krebs, aber die einstigen Rauchpausen, das waren früher die Momente, in denen man Luft holen und abschalten konnte.« Und genau diese Momente benötigt der Wissensarbeiter.

Doch es fehlt in weiten Teilen noch an der Akzeptanz, wobei nicht die Akzeptanz des Rauchens gemeint ist. So wie jemand Muskelkater vom Tragen hat, ist ein anderer eben angestrengt von einer beschleunigten Kommunikation oder von der zweihundertachtundfünfzigsten E-Mail. Und so wie früher jemand einen Stein abgesetzt und wieder Kraft gesammelt hat, so braucht auch der Wissensarbeiter Momente des Kraftsammelns.

Selbstwirksamkeit, Selbststeuerung, Selbstorganisation

Wie die aussehen müssten, wie die organisiert werden, dafür gibt es in jedem Unternehmen erstklassige Experten – die Mitarbeiter selbst. »Ein Wissensarbeiter ist jemand, der besser über seinen Job Bescheid weiß als irgendjemand sonst im Unternehmen«, sagte schon der Managementberater Peter F. Drucker. Und Stork ergänzt:»Je mehr Wissen und Kommunikation die Wertschöpfung bestimmen, desto wichtiger werden individuelle Wahrnehmungen, subjektive Perspektiven, eigene Meinungen für den dauerhaften Erfolg.« Die Lösung heißt also Selbstwirksamkeit, Selbststeuerung, Selbstorganisation – und die Möglichkeit der flexiblen Arbeit bei konkreter Zielvereinbarung.

Stork empfiehlt dafür eine »Deregulierung«. So wie in Behörden Verwaltungsabläufe dereguliert und optimiert wurden, so sollte auch in Unternehmen dereguliert werden. »Ich empfehle wirklich das Ausmisten von Prozessen und Verordnungen innerhalb des Unternehmens.« Das kann Arbeitszeiten, Kantinenzeiten oder auch die Gestaltung von Bürostühlen betreffen. Alle vermeintlich allgemeingültigen, aber nicht mehr anwendbaren Regeln sollten an Bedeutung verlieren.

Das habe dann auch Auswirkungen auf das Verhalten der Führung. »Gutes Führen ist situatives und persönlichkeitsorientiertes Führen.« Das heißt: »Die individuelle und persönliche Behandlung und Wertschätzung gewinnt maßgeblich an Gewicht gegenüber generellen und allgemeinen Regeln«, so Stork. Eine Führungskraft sollte ihre Mitarbeiter nicht nur kennen, sondern in der Lage sein, so individuell wie möglich mit dem jeweiligen Mitarbeiter umzugehen. Denn die »jeweils höchst unterschiedlichen Neigungen der Menschen zu Macht, zu Status, zu Ordnung, zu emotionaler Ruhe, zu Nähe« führten bei »äußerlich gleichen betrieblichen Situationen« zu jeweils »höchst unterschiedlichen individuellen mentalen Reaktionen und zu dementsprechend unterschiedlichen Leistungsverhalten«.

Bei bestimmten Berufsgruppen wie Fluglotsen, Kinderchirurgen oder Sondereinsatzkommandos hat sich ein Stressmanagement etabliert. Man kümmert sich darum, dass diese Menschen ihre Leistungsfähigkeit erhalten – trotz der enorm hohen physischen und psychischen Belastung. Nun ist die

Arbeit von Wissensarbeitern nicht mit der eines Chirurgen zu vergleichen, aber in den zunehmend wissens- und damit auch meist kommunikationsbasierten Tätigkeiten in vielen anderen Branchen steigt die Belastung stetig an.

Die immer neuen sozialen Kontakte und Kommunikationswege sowie die Unsicherheit, die Wissensarbeit mit sich bringt, führen laut Stork durchaus zu mehr Stress als früher. Der Stress ist an sich nicht schlimm, er müsse nur bewusst wahrgenommen, kompensiert oder zeitnah abgebaut werden – im Grunde genau wie bei Fluglotsen oder Einsatzkommandos. Bei einem professionellen Stressmanagement ist allerdings nicht nur das Unternehmen gefordert. Jeder Einzelne muss Methoden zum Stressabbau entwickeln und diese auch konsequent anwenden können.

Bauarbeiter ohne Helm?

Stork plädiert grundsätzlich für eine Resiliente Organisation von Arbeit, kurz RODA, die den Stärken der jeweiligen Mitarbeiter gerecht werde.»Resiliente Organisationen fördern die Freiheit und Selbststeuerungskompetenz der Mitarbeiter.« Es geht nicht nur um flache Hierarchien, um eine offenere und pro-aktivere Kommunikation, um mehr Einbindung in Entscheidungsprozesse oder um etwas mehr»bottom up« statt nur»top down«.»Stattdessen werden die Wissensarbeiter und ihre Bedürfnisse systematisch ins Zentrum jeglicher (Personal)-Managementüberlegungen gestellt.«

Das umfasst nicht nur die Einhaltung von Ruhezeiten, das flexible Arbeiten, die Mitarbeiterbeurteilung oder die Gestaltung des Arbeitsplatzes – Stichwort»gesundes Büro« –, sondern auch ein Verständnis dafür, dass Leistungsfähigkeit und Wohlergehen kohärent sind. Dazu zählt auch das soziale Umfeld, dazu zählen Erlebnisse, auch gemeinsam mit den Kollegen, dazu zählt, dass man einem Mitarbeiter Orientierung gibt und nicht nur Ziele vorgibt. Es muss aber auch klar sein, dass Stress und psychische Belastung immer auch im privaten Umfeld verursacht werden können, beispielsweise durch Krankheiten. Dafür kann ein Unternehmen nicht in Verantwortung genommen werden.

Generell sollte Stress ein Thema in einem Unternehmen sein. »Wir sind da auf einem guten Weg. Inzwischen ist das Thema auch in Tarifverhandlungen oder IHK-Empfehlungen eingeflossen«, sagt Stork. Seit einiger Zeit seien auch die Ordnungsämter angehalten, Verstöße anzuzeigen, beispielsweise wenn in Räumen zu schlechtes Licht oder zu schlechte Luft ist. »Das ist, als ob auf einer Baustelle die Bauarbeiter keinen Helm tragen, dann bekommt der Bauunternehmer Probleme.« Und seit neuestem bekommen eben auch jene Unternehmen Probleme, die ihre Mitarbeiter nicht vor psychischen Gefahren schützen – wobei viele Probleme nach wie vor »ausgesessen« werden, im wahrsten Sinne des Wortes.

Es wird viel zu viel gesessen

Denn eine weitere Gefahr der Büroarbeit ist in der Tat das Sitzen. In Deutschland wird zu viel gesessen, das hat der Gesundheitsreport der DKV (Deutsche Krankenversicherung) ergeben, für den die Kasse im Jahr 2014 mehr als 3.000 Deutsche zu ihrem Gesundheitsverhalten befragte.

Insgesamt 7,5 Stunden verbringen Erwachsene in Deutschland heute im Schnitt pro Tag im Sitzen. Am meisten sitzen junge Erwachsene, also die zwischen 18 und 29, sie kommen auf neun Stunden. Hauptgrund für die landesweite Passivhaltung ist laut DKV-Gesundheitsreport Büroarbeit. Dazu kommen noch »Sitzungen« zu Hause vor dem Fernseher oder Computer. Männer sitzen vor beiden Geräten länger als Frauen, Frauen sitzen laut DVK mehr im Kino oder mit Freunden zusammen.

Die Folgen für die Gesundheit seien massiv. »Das dauerhafte Sitzen hat weitreichende Folgen für den Fett- und Blutzuckerstoffwechsel und macht die Menschen krank«, sagte DKV-Vorstand Clemens Muth. Er nannte die Deutschen bei der Vorstellung des Reports »ein Volk der Sitzenbleiber«, das einiges riskiert: Das lange Sitzen gelte als Risikofaktor für die Gesundheit und als »ähnlich gefährlich wie das Rauchen«. Es schade, so Muth, dem Rücken und dem Bewegungsapparat. Langes Sitzen sei aber auch gefährlich für das Herz, den Kreislauf, den Insulinstoffwechsel, es kann zu Diabetes führen und das Krebsrisiko erhöhen. Beim Sitzen staut sich das Blut, der Stoffwechsel erlahmt, unbenutzte Muskeln werden schlapp. Für die Körperzellen ist es wichtig, dass Menschen in Bewegung bleiben. Es muss nicht viel Bewegung sein. Selbst im Stehen ist der Körper schon aktiver als im Sitzen.

Die Folgen sind nicht nur für die Gesundheit schwerwiegend, sie kosten auch viel Geld. Nicht wenige Arbeitnehmer fallen aufgrund eines Bandscheibenvorfalls durch zu viel Sitzen für Wochen und Monate im Job aus, manche werden sogar berufsunfähig.

Nicht zuletzt habe »zu viel Sitzen sogar Auswirkungen auf die Psyche«. In einer spanischen Studie zeigten diejenigen, die mehr als 42 Stunden pro Woche im Sitzen verbrachten, ein um 31 Prozent erhöhtes Risiko für psychische Erkrankungen. Denn die fehlende Bewegung macht müde, auch werden Stresshormone nicht abgebaut. Schließlich stellt sich der Körper bei Stress auf Bewegung ein. Bleibt diese aus, kann der

Körper die Stresshormone ab einem bestimmten Level nicht mehr gut kompensieren. Psychische Erkrankungen sind dann wahrscheinlich.

Abhilfe gegen das Dauersitzen bietet Bewegung: Die Weltgesundheitsorganisation (WHO) empfiehlt für Erwachsene pro Woche mindestens 150 Minuten moderate oder 75 Minuten intensive körperliche Arbeit oder Sport – dann könne man Acht-Stunden-Sitzungen halbwegs kompensieren. Ein kleines Schrittchen ist es auch, im Stehen zu arbeiten. Viele moderne Schreibtische sind bereits höhenverstellbar, verschiedene Möbelhersteller haben inzwischen solche Tische auch zu bezahlbaren Preisen auf den Markt gebracht.

Kaputt und ausgelaugt

Bisher haben wir nicht viel gefunden, was für eine Fortsetzung der Büroarbeit in ihrer jetzigen Form spricht. Das Büro ist zu laut, die Haupttätigkeit ist Sitzen, Stress zehrt an den Mitarbeitern, die Arbeit ist monoton, für Kreativität fehlt die Umgebung, einzig und allein die Postkarten machen Freude. Aber offenbar zu wenig. Denn immer mehr Angestellte erleiden heute einen Burn-out, und das nicht nur in Berufen wie Mediziner oder Lehrer, die aufgrund ihrer Verantwortung gegenüber anderen Menschen sehr fordernd sein können, sondern eben auch im Büro.

Der Burn-out, der Medizinern zufolge meist eine Depression ist, wird heute bereits als Volkskrankheit bezeichnet. Die Zahl der Erkrankungen nimmt stark zu, vor allem in den großen Städten. Die Techniker Krankenkasse (TK) verzeichnet für 2014 einen Anstieg von psychischen Erkrankungen in Deutschland um 7,9 Prozent. Und laut der Deutschen Angestellten Krankenkasse (DAK) gingen 16 Prozent aller Fehltage im ersten Halbjahr 2014 auf psychische Erkrankungen zurück. Um 165

Prozent sei die Zahl der Fehltage aufgrund von psychischen Erkrankungen seit 1997 angestiegen, heißt es bei der DAK.

Und dass Überbelastung kein Einzelfall ist, belegt der Satz: »Ich fühle mich erschöpft oder ausgebrannt« – in dem sich 33 Prozent aller Beschäftigten in Deutschland wiederfinden.

Rein rechnerisch, so der TK-Report, fallen in einem Betrieb mit 250 Mitarbeitern vier Mitarbeiter jeweils gut zwei Monate im Jahre wegen einer Depression aus. Schätzungen von Kassenexperten und Berechnungen der Europäischen Agentur für Sicherheit und Gesundheitsschutz am Arbeitsplatz zufolge kosten die verminderte Arbeitsleistung, der Arbeitsausfall sowie Therapie und Behandlung von psychisch Erkrankten rund 20 Milliarden Euro pro Jahr.

Diese Kosten tragen Unternehmen sowie das Gesundheitssystem. Für die großen Krankenkassen in Deutschland sind die Schuldigen die Unternehmen: Wachsender Druck durch pausenlose Erreichbarkeit per E-Mail und Handy, teilweise auch im Urlaub, sowie das steigende Arbeitstempo seien in erster Linie für die Burn-out-Krise im Land mitverantwortlich. Deshalb forderten im vergangenen Jahr eine Reihe von Kassenvertretern neue Gesetze, um Ruhepausen neu zu regeln, den Dauerstress zu minimieren oder eben den Gesundheitsschutz weiter auszubauen. Doch viele Unternehmen wehren sich gegen Überlegungen aus der Politik, strengere Regeln etwa in Form einer Anti-Stress-Verordnung festzuschreiben.

Aus dem Bundesgesundheitsministerium heißt es:»Gute Präventionsprogramme können dazu beitragen, dass Krankheiten wie Burn-out oder körperliche Beschwerden als Folge beruflicher Belastungen gar nicht erst entstehen.« Unternehmen, die das erkennen würden, steigerten ihre Wettbewerbsfähigkeit. Doch sind es allein Präventionsprogramme, die ans Ziel führen?

Systemische Fehler

Auch wir tun uns schwer mit den geplanten Eingriffen der Politik. Als 2014 aus dem Bundesarbeitsministerium Pläne bekannt wurden, wonach man erwäge, »Belastungsschwellen« gesetzlich rechtssicher festzuschreiben, ebenso wie Erholungsphasen, einen besseren Überstundenausgleich und eine stärkere Gesundheitsförderung, um dem riskanten Dauerstress vorzubeugen, da schien eigentlich die richtige Debatte angestoßen zu sein – allerdings wurden die falschen Schlüsse daraus gezogen.

Aus unserer Sicht sind neue Gesetze nicht die adäquate Lösung. Wenn nach Untersuchungen der Arbeitsschutzbehörde rund 41 Prozent der weiblichen Führungskräfte in Vollzeit häufig auf die ihnen zustehenden Pausen verzichten, dann scheint etwas grundlegend mit den Arbeitsabläufen in Unternehmen nicht zu stimmen, dann sind das systemische Fehler.

Und ob sich mit neuen Gesetzen Herausforderungen wie Multitasking oder unfreiwillige Arbeitsunterbrechungen tatsächlich regeln lassen, scheint zumindest fraglich. Uns fehlt schlichtweg der Glaube, dass sich durch Gesetzesregelungen Probleme individueller psychischer Erkrankungen lösen lassen – schon gar nicht angesichts der komplexen Ursachen. Denn nicht immer ist die Arbeit Auslöser für den Zusammenbruch. »Einem Burn-out liegt ein ganzer Blumenstrauß an Ursachen zugrunde«, zitiert Professor Stork einen ihm bekannten Arzt. Damit die Arbeit nicht zum Auslöser wird, plädieren wir für eine Neuerfindung der Arbeit – und für einen Abschied von der Illusion, die Arbeit der Menschen lasse sich noch wie im Maschinenzeitalter organisieren.

Wir sind ganz klar der Meinung: Prävention: ja! Sport: ja! Entlastung der Mitarbeiter: ja!

Allerdings sehen wir die Entlastung der Mitarbeiter nicht nur in Präventionsprogrammen. Für uns ist die beste Prävention eine Neuerfindung der Arbeit, die auf der Selbstorganisation von Mitarbeitern beruht sowie auf einer höheren Eigenverantwortung und einer Führung, die sich weniger als Kontrolleur versteht und viel mehr als Coaching der Mitarbeiter.

Stromberg, das Denkmal

Wenn man das zusammenfasst, scheint es wirklich nicht erstrebenswert, in einem Büro zu sitzen: Die Menschen werden krank, sie handeln oft wider ihre Natur, der Ort selbst, also das Büro, hat sich zu einem Sammelpunkt von Lethargie und Zynismus entwickelt. Die in der Fernsehserie Stromberg satirisch bis zynisch dargestellten prekären Zustände sind von der Realität in deutschen Büros weit weniger entfernt, als uns das lieb sein kann – und diese Zustände sind das exakte Gegenteil von Wissensarbeit. Stromberg ist in gewisser Weise wirklich das Denkmal von hundert Jahren Büroarbeit, hundert Jahren Bürohierarchie oder, um es mit den Worten Bernd Strombergs zu sagen:

>»Als Chef bist du eigentlich eine Art Büro-Animateur. Ein Entertainer mit Schreibtisch. Und ein Mitarbeiter oder eine Mitarbeiterin mit schlechter Laune ist wie eine Schneeflocke. Einer allein ist harmlos, ein paar Dutzend sind schon ein Schneeball. Und wenn du dann nicht aufpasst, hast du ratzfatz eine Lawine in der Hütte. Deshalb ist das Wichtigste, was du als Chef machen musst: gute Laune. Machst du gute Laune, machen die Leute dir die Arbeit, so einfach ist das.«

Stromberg war immer nah dran am Büroalltag. Aber was muss geschehen, um von den Strombergs endgültig Abschied zu nehmen? Oder anders gefragt: Wie läuft das eigentlich bei Microsoft? Was machen wir anders?

Die Zahlen, die man kennen muss

Maitland/Thompson: 90 Prozent der befragten Manager glauben, dass ihre Mitarbeiter produktiver sind, wenn sie ihre Arbeit selbst organisieren können; rund 80 Prozent glauben, dass sich neue Arbeitsformen positiv auf ihr Unternehmen auswirken würden.

Der Satz, den man sich merken sollte

Obwohl die Mehrzahl der in Büros tätigen Menschen heute Wissensarbeiter sind, ist der Arbeitsalltag zumeist noch bestimmt durch Strukturen aus der Zeit der Industrialisierung – Cubicles, Anwesenheitspflicht und Zeiterfassung, starre Hierarchien, stark arbeitsteilige und vom Kunden und Produkt entfremdete Arbeitsprozesse, fehlsteuernde Incentive-Systeme und interne Politik nach Gutsherrenart.

Das Zitat, das es auf den Punkt bringt

»Es ist eine Illusion zu glauben, dass Manager überprüfen können, dass die Leute produktiv arbeiten, nur weil sie sie an ihrem Computer (bzw. in ihrem Büro) sehen.«
Alison Maitland, Journalistin und Gastprofessorin an der Londoner Cass Business School

TEIL III

DIE ARBEIT NEU ERFINDEN

9. DER DREIKLANG DER ARBEITSWELT VON MORGEN
VERTRAUEN IST DAS FUNDAMENT

»Lieber Geld verlieren als Vertrauen.« Dieses Zitat wird dem deutschen Industriellen Robert Bosch zugeschrieben und verweist auf die wichtigste Währung in der Wirtschaft: Vertrauen. Ohne Vertrauen wird ein Unternehmen seine Produkte nicht auf den Markt bringen können, ohne Vertrauen werden wir keine stabilen Kundenbeziehungen aufbauen, ohne Vertrauen wird man nicht überzeugen. Und ohne Vertrauen sind auch neue Formen der Arbeit nicht möglich.

Das Vertrauen bildet das Fundament, ist Ausgangspunkt für den Wandel in der Arbeitswelt. Bei Microsoft haben wir daher diesen Begriff ins Zentrum gestellt, vor allem im Hinblick auf die Umsetzung von neuen, flexiblen Arbeitszeitmodellen. Bei Microsoft Deutschland selbst werden diese heute schon von rund 90 Prozent der Mitarbeiter genutzt.

Erst im September 2014 haben wir das seit langem bestehende Prinzip der »Vertrauensarbeitszeit« um eine Gesamtbetriebsvereinbarung zur freien Wahl des Arbeitsplatzes – dem »Vertrauensort« – ergänzt und damit verbindliche Grundlagen für alle Mitarbeiter geschaffen.

Damit aber flexibles Arbeiten zum Erfolgsmodell wird, bedarf es eines weitreichenderen Wandels der Unternehmens- und Führungskultur. Dazu gehören neben einem gestärkten Vertrauensverhältnis auch neue Kommunikationsstrukturen, neue Bewertungssysteme sowie klare Regeln für Arbeitgeber und Arbeitnehmer. Auch die Orte, an denen Arbeit stattfindet, sowie die Technologie, mit der Arbeit möglich gemacht wird, müssen einer neuen Bewertung unterzogen werden.

Wir können nicht starr an bisherigen »Arbeitsplätzen« und Technologien festhalten und uns gleichzeitig Flexibilität auf die Fahne schreiben. Das wäre blauäugig. Nur das neu orchestrierte Zusammenspiel von Mensch, Ort und Technologie versetzt uns in die Lage, die Arbeit neu zu erfinden. Im Folgenden wollen wir aufzeigen, wie dieser Dreiklang gelingen kann.

DER MENSCH

10. DIE ZUKUNFT GEHÖRT DEN VIRTUELLEN TEAMS

WAS HEUTE GUTE FÜHRUNG IST UND WAS EINE FÜHRUNGSKRAFT IM DIGITALEN ZEITALTER KÖNNEN MUSS

Einen besonders respektvollen Blick auf die Menschen, vor allem auch auf jene, die für sein Unternehmen arbeiten, hat Götz Werner. Er sagt: »Jede Arbeit ist wertvoll« – und darin begründet sich eine Wertschätzung, die nicht nur den Einzelnen wahrnimmt, sondern auch im besonderen Maße auf Führung Einfluss hat.

Götz Werner hat ein Imperium geschaffen. Seine Drogeriemarkt-Kette dm macht heute einen Umsatz von rund 7,7 Milliarden Euro und beschäftigt 50.000 Mitarbeiter in rund 3.000 Filialen. Er hat sich inzwischen aus dem Unternehmen zurückgezogen, gilt aber immer noch als einer der wegweisenden Experten für Führungsfragen. »Solange Menschen zusammenleben, wird immer die Führungsfrage gestellt«, sagt Werner. Nur habe sich im Lauf der Geschichte die Vorstellung davon gewandelt, was ideale Führung ist.

Werner gibt Unternehmen vor allem einen Rat: die Menschen nicht aus dem Blick zu verlieren. »Die Unternehmensführung muss sicherstellen, dass es in der Arbeitsgemeinschaft Menschen gibt, die aufgeschlossen wahrnehmen, was um sie herum geschieht, die in der Lage sind, die Spuren der Zukunft bereits in der Gegenwart zu erkennen, also sicherstellen können, dass die aus dem Fortgang des Lebens sich ergebenden

Notwendigkeiten rechtzeitig bemerkt werden.« Und als Ergänzung schiebt er den entscheidenden Satz nach:»Diese Menschen müssen auch gehört werden.«

Sie müssen sich einbringen, ihre Ideen vorschlagen können – auf welchem Weg, über welchen Kanal auch immer. Wer sich dem verschließt, scheint nicht nur die Potenziale der Menschen in seinem Unternehmen zu verkennen, sondern ist auch nicht gerüstet für künftige Führungsaufgaben. Denn Führung erfordert jetzt eine wesentlich höhere Flexibilität, zudem wird man sich darauf einstellen, dass Organisationen heute wesentlich »agiler«, also beweglicher sind und dass Unternehmen (und eben auch Führungskräfte) für diese Agilität den Rahmen schaffen sollten.

LOAZ heißt die Losung

Ein Unternehmen, das sich als agile Organisation neu aufgestellt hat, ist unser Kunde hhpberlin, eine Ingenieurgesellschaft mit 180 Angestellten und einem Schwerpunkt auf Brandschutz. Brandschutzexperten und Brandschutzingenieure sind hoch begehrt, vor allem bei den großen öffentlichen Bauten wie Stadien, Theatern, Schulen – und natürlich auch bei Flughäfen.

hhpberlin hat schon recht früh bisherige Bereichsaufteilungen aufgegeben und sich basierend auf unserer Technologie eine neue Struktur geschaffen. Sie sind als eine der ersten Firmen-ITs komplett in eine Cloud gegangen. Und heute ist es so, dass jeder Mitarbeiter jederzeit und von überall, auch gemeinsam mit Kollegen, auf einen Großteil der Firmendokumente zeitgleich zugreifen kann. Das hat auch Auswirkungen auf die Organisation des Teams.

Als Führungskraft versteht man sich bei hhpberlin eher als Dienstleister seines Teams, nicht als Vorbeter. Und die Struktur des Unternehmens, so die interne Vorgabe, darf den einzelnen Menschen nicht in seinen Entwicklungswünschen hemmen. Wenn sie das tut, läuft etwas falsch. Und noch etwas ist neu: Jeder Mitarbeiter entscheidet selbst, wie er sich am besten einbringen kann. Auch das basiert auf Vertrauen – und auf der Auswahl der richtigen Leute. Wer eingestellt werden will, muss daher vor allem Talente im LOAZ haben, also: L wie Leute begeistern, O wie organisieren können, A für Alternativen aufzeigen und Z wie zuhören. Das sind neben der fachlichen Qualifikation die inzwischen entscheidenden Einstellungskriterien bei hhpberlin.

Wie agil man heute sein muss, haben wir auch selbst bei Microsoft erlebt. Zum Beispiel bei der Integration des finnischen Handy-Herstellers Nokia, die offiziell zum 1. Januar 2015 abgeschlossen wurde. Hier waren Mitarbeiter von Microsoft und Nokia aus unterschiedlichen Bereichen wie Vertrieb, Finance, Human Resources – und wichtig: aus allen Hierarchieebenen – über einen Zeitraum von rund einem Jahr in einer weltweiten Projektstruktur eingebunden. In dieser Zeit veränderten sich unter anderem Berichtswege und Teamstrukturen im Unternehmen und wurden danach wiederhergestellt.

Das ist ein Beispiel dafür, wie flexibel Organisationen heute sein müssen. Sicher ist: Diese Art von Projekten wird zunehmen. Hier stehen aber auch wir noch in den Anfängen. Denn es ist nicht ganz so einfach, Führungsstrukturen für bestimmte Zeiten zu verändern und dann wieder zurückzusetzen.

Die Beweglichkeit, die agilen Organisationen werden zunehmen, nicht zuletzt sind sie in gewisser Weise auch ein Versprechen an neue, nachrückende Jobgenerationen wie aktuell die viel zitierte »Generation Y« oder, wenn wir schon weiterdenken, die Generation Z. Also jene jungen Menschen, die ein Leben ohne Vernetzung nicht kennen, die sich nicht vorstellen können, dass Menschen einst ohne Suchmaschinen lebten, und die verinnerlicht haben, dass heute alles rund um die Uhr machbar, anschaubar und nutzbar ist.

Sie bringen schon aufgrund ihrer Prägung einen völlig neuen Arbeits- und Lebensrhythmus mit – und zwar einen sehr individuellen. Als Führungskraft ist es entscheidend, ob und wie man sich an diesen persönlichen Produktivitätszyklen seiner Mitarbeiter orientiert. Einen Zyklus kann man nicht vorgeben, man muss darauf vertrauen, dass sie selbst wissen, wann sie produktiv sind – und ihnen die Möglichkeit geben, ihre eigene Produktivität zu entfalten, wo und wann auch immer.

Wissensaustausch-Meetings

Die beiden McKinsey-Berater Martin Dewhurst und Bryan Hancock haben für Unternehmen Vorgehensweise skizziert. Ihre wichtigste Empfehlung ist: Man muss sich auch seine Führungskräfte schaffen, also Menschen engagieren, die in der Lage sind, jederzeit eine Führungsrolle zu übernehmen. Wohl gemerkt: keine Chefrolle, sondern eine Führungsrolle. Das muss man die Mitarbeiter erproben lassen, entweder in einzelnen Projekten oder wie in einer Telekommunikationsfirma, die eine Jobrotation für ihre hochqualifizierten Mitarbeiter organisierte, damit diese immer wieder ein paar Monate in der Zentrale verbringen konnten, dort von den »Seniors« lernten und vor allem ihr Wissen über das Unternehmen vergrößerten. Die beiden Autoren empfehlen neben einem Ausbau des Wissensmanagements auch so etwas wie »Wissensaustausch-Meetings«. Letztendlich ist aber eines entscheidend für den Ausbau von Wissen: die Netzwerkarbeit.

Wichtig ist, was von draußen kommt

Wir wissen aus Erfahrung, dass heute nicht nur Führungskräfte darunter zu leiden haben, wenn sie ihr Netzwerk nicht pflegen, vor allem wenn es sich dabei um das Unternehmensnetzwerk handelt. Man kann nicht nur seinem Team nicht mehr die entscheidenden Informationen zukommen lassen, sondern ist ausgeschlossen von Wissen; und wer im Netzwerk draußen ist, verliert innerhalb kurzer Zeit Respekt und Vertrauen der Kooperationspartner.

Informationen laufen in einem Unternehmen heute nicht mehr nur über das Team vor Ort. Man sollte wach sein, damit man mitbekommt, in welchen weitverzweigten und globalen Netzwerken sich die Kollegen und Mitarbeiter schon bewegen. Bei der maximal netzwerkaffinen Generation Y ziehen sich Kreise ohnehin nicht nur um Kollegen und Vorgesetzte, sondern beziehen immer auch Menschen außerhalb des Unternehmens ein. Und da kommen Informationen, da kommt Feedback, da kommen Meinungen herein. Oder anders gesagt: das Expertenwissen, das Projekte beschleunigen kann, was bei einer abgeschotteten Führung eben nicht passiert.

Wer führt, muss Netzwerke lenken

Wir haben von virtuellen Teams gesprochen. Vermutlich sind die neuen Teams vielmehr die Netzwerke. Und wer Teams führt, muss heute vor allem Netzwerke lenken können. Fachkompetenz ist die Grundlage, aber noch bedeutender ist die Fähigkeit, strategisch mit anderen Menschen zu kommunizieren. Die Psychologin Eva Müller nennt das »Beziehungsintelligenz«. Diese Netzwerke verfügen über Key Players oder auch Network Leaders, die nach Müller folgende Aufgaben wahrnehmen:

- Vermittlertätigkeiten, also Menschen zusammenbringen

- Projektkoordination, also Aufgaben managen und Kontakt mit allen halten

- Moderation, also Konflikte beilegen und das Netzwerk unterstützen, stärker zu werden

- Unterstützung, also das Netzwerk am Leben halten, indem sie Systeme aufbauen, Kommunikationsprozesse definieren und Ressourcen schaffen

Für Müller beginnt ein professioneller Network Leader zuerst mit der Analyse der Key Players eines Netzwerks. Um ein Netzwerk erfolgreich zu führen, brauche man zusätzlich fünf Kernkompetenzen, welche bei der intelligenten strategischen Nutzung der Netzwerkstrategien helfen:

- Beziehungskompetenz: die Fähigkeit, zwischenmenschliche Beziehungen nicht nur wahrzunehmen, sondern diese auch zu »managen« und sich darüber hinaus mit der Frage auseinanderzusetzen, was man tun kann, damit eine Beziehung funktioniert.

- Organisationskompetenz: die Fähigkeit, eine gesteigerte Organisationskomplexität und Vielzahl an neuen, spezialisierten Organisationen nicht nur zu meistern, sondern mit Geschick und Intelligenz zusammenzuführen.

- Systemkompetenz: die Fähigkeit, in Zeiten zunehmender Vernetzung konsequent die Kommunikation und den »richtigen« Umgang zwischen Mitarbeitern und Vorgesetzten zu fördern und richtig und erfolgreich einzusetzen.

- Reflexionskompetenz: die Fähigkeit, Gefühle, Erfahrungen, Prozesse und Ergebnisse zu beschreiben sowie zu beurteilen, zu kommunizieren und zu hinterfragen und sich mit unterschiedlichen Perspektiven und Sichtweisen auseinanderzusetzen.

- Entwicklungskompetenz: die Fähigkeit, Menschen dazu zu bringen, sich ihrer persönlichen Werte und Visionen bewusst zu werden, diese abgleichen und systematisch die Organisation daran ausrichten, um die Möglichkeit für Innovationen zu fördern.

Viele virtuelle Teams scheitern

Das Führen auf Distanz, also von virtuellen Teams, geht nicht von allein. Es birgt Probleme, die nicht selten auf mangelnde Professionalität zurückzuführen sind. Eine Gruppe von fachlich äußerst kompetenten Teammitgliedern trifft unter der Leitung einer fachlich äußerst kompetenten Führungskraft virtuell aufeinander und soll nun via technologischer Kooperationstechniken – falls diese überhaupt in ausreichendem Maße und qualitativ adäquat vorhanden sind – erfolgreich zusammenarbeiten, Höchstleistungen erbringen und alle Ziele in kürzester Zeit erreichen.

Viele virtuelle Teams scheitern, laut einer Untersuchung der Telekom zirka 70 Prozent. Christian Scholz, Professor an der Universität des Saarlandes, schätzt die Versagensrate sogar auf neun von zehn virtuellen Teams. Virtuelle Teams scheitern, weil der persönliche Kontakt nicht gepflegt wurde, sondern nur der digitale. Häufig fehlen auch Regeln, auf die man sich einigt, Konflikte lassen sich manchmal erst spät erkennen – meist, wenn es zu spät ist. Und virtuelle Teams führen sich trotz allem nicht selbst, sondern benötigen einen strukturierten, aber wenig kontrolllastigen Führungsstil.

Deshalb sollte man, so Eva Müller, ganz klar und strukturiert vorgehen: zunächst jeden Einzelnen persönlich kennenlernen, und zwar ganz klassisch Face-to-Face. Dann benötigt man eine Klärung der Aufgaben und Rollen der einzelnen Teammitglieder. Anschließend sollte man ein paar Regeln festlegen, beispielsweise wie man mit unterschiedlichen Zeitzonen umgeht, wenn die Teams weltweit verstreut arbeiten, oder in welcher Sprache man sich in Konferenzen oder Meetings austauscht. Zuletzt sollte die Kommunikationstechnologie geklärt und sichergestellt werden, dass jeder von überall Zugang dazu hat.

Wichtig ist, und das haben wir bereits erwähnt: Die soziale Seite muss immer gestärkt werden, man muss den Kontakt aufrechterhalten, auch auf der persönlichen Ebene – denn virtuelle Teams leben von persönlichen Beziehungen. Und auch das gemeinsame Feiern sollte nicht unter den Tisch fallen.

11. DONNERSTAG, 14 BIS 16 UHR: »NICHTS«

WIE SICH NEUE ARBEITSZEITMODELLE AUF MOTIVATION UND LEISTUNGSFÄHIGKEIT AUSWIRKEN

Einfach mal die Zeit anhalten. Das österreichische Designstudio »Breaded Escalope« hat eine effektive Methode gegen den Zeitdruck entwickelt. Das Gerät heißt »Your Clock« – und ist eine Wanduhr, bei der man die Zeit anhalten kann. Der »Trick« ist eine Kette an der Uhr. Erst wenn man daran zieht, zeigt sie die aktuelle Zeit an. Ansonsten steht die Uhr. Die Botschaft der Designer ist eindeutig: Lass dir nicht vom permanenten Blick auf die Uhr den Tag diktieren! Mach dich zum Herrn deiner Zeit! Das gute Stück aus Wien kostet zwar 2.300 Euro, und es mag nur ein Gag sein. Dahinter steckt aber der tiefe Wunsch nach einer Loslösung von Zeit. Denn es sind die Uhren, die den Takt vorgeben, die Uhren, denen wir uns allzu häufig unterordnen. Vor allem bei der Arbeit.

Schon die ersten mechanischen Zahnräderuhren im Hochmittelalter hatten einen Zweck: den (Arbeits)-Tag zu strukturieren. Im 15. Jahrhundert wurden frühe Mechanikuhren in Klöstern und Kirchen installiert, um jeweils die Zeit einzuläuten für die sieben Tagesgebete, die Horen, so dass der Geistliche nicht betete, wann er wollte, sondern wann er sollte. Dabei ist es mehr oder weniger geblieben.

Die Uhren geben den Rhythmus der Arbeit vor – und wenn wir Arbeitskämpfe und Streiks erleben, dann wird in erster Linie um Zeit, um Arbeitszeit gestritten und verhandelt. Das enge Zeitkorsett, in dem Arbeit stattfindet, löst sich ohnehin immer mehr auf. Der »geregelte« Arbeitstag, der berühmte Nine-to-five-Job, erweist sich als Auslaufmodell. Nicht zuletzt, weil diese enge zeitliche Vorgabe, in der Arbeit stattzufinden hat, nicht mehr dem Lebensrhythmus vieler Menschen entspricht. Künftig werden wir uns an neue Arbeitsrhythmen gewöhnen. Wir werden Arbeitszeit neu definieren. Die Zeit anzuhalten – das bleibt ein Wunsch.

Die Loslösung von bisherigen Arbeitszeitmodellen ist jedoch kein Angriff auf die Gesundheit der Arbeitnehmer. Ganz im Gegenteil. Die seit Jahren schwelende Debatte um die Rundum-die-Uhr-Erreichbarkeit des Menschen lässt häufig außer Acht, wie gesund es für Arbeitnehmer sein kann, über die Zeit selbst zu bestimmen.

Als unlängst im Bundestag eine Anti-Stress-Verordnung diskutiert wurde, sollten Formulierungen in die Verordnung aufgenommen werden wie: »Der Arbeitsrhythmus muss laut Verordnung so gestaltet werden, dass eine Gefährdung der psychischen Gesundheit so weit wie möglich vermieden wird.« Um das zu erreichen, so hieß es weiter, »müssen Pausen und Ruhezeiten angemessen verteilt sein«, gerade »bei flexibler Arbeitszeit und räumlicher Mobilität sind Arbeit und arbeitsfreie Zeit abzugrenzen«. Wenn Aufgaben außerhalb der Regelarbeitszeit erledigt werden müssten, gelte es, »die Rufbereitschaft zu begrenzen und dafür zu sorgen, dass die verlorene Freizeit schnell nachgeholt werden kann«. So weit, so ernst.

Aus solchen Verordnungstexten spricht immer ein tiefes Misstrauen gegen die Eigenverantwortlichkeit und Selbstorganisation von Arbeitnehmern sowie gegen die Verantwortung von Unternehmen. Das mag zu Teilen berechtigt sein. Nicht jeder Chef hat das Wohl seiner Mitarbeiter im Sinn. Doch ein gutes Unternehmen weiß sehr genau, dass gerade in Zeiten drohenden Fachkräftemangels die »Ausbeutung« der menschlichen Arbeitskraft ein enormes ökonomisches Wagnis bedeutet. Es hat daher immer etwas Aktionistisches, wenn sich die Politik »Anti-Stress-Verordnungen« vornimmt. Auch wenn es gute Gründe dafür gibt.

Wie die Maschinen

Im Zuge der Industrialisierung im 19. Jahrhundert setzte sich dieses »Zeitbewusstsein« durch, das bis heute die Arbeitszeit prägt. »Im Gegensatz zum jahreszeitlich geprägten Arbeitsablauf des bäuerlichen Lebensbereichs und der vom Tageslicht abhängigen Dauer des handwerklichen Arbeitstages wurde mit der zunehmenden Maschinenarbeit ein neues ›schematisches‹ Zeitprinzip eingeführt«, schreibt der Historiker Michael Schneider. Allein schon die räumliche Trennung von Wohnung und Arbeitsplatz sorgte erstmals für die Herausbildung einer genau abgrenzbaren Arbeitszeit. »Diese Arbeitszeit wurde in zunehmendem Maße von der Maschine bestimmt, die am profitabelsten ›arbeitete‹, wenn sie möglichst wenig ›Ruhezeiten‹ hatte.«

Die Menschen arbeiteten wie die Maschinen – und das hatte eine drastische Verlängerung der Arbeitszeit zur Folge. Lag um 1800 die tägliche Arbeitszeit bei ungefähr zehn bis zwölf Stunden pro Tag und etwa 60 bis 72 Stunden pro Woche, waren es um 1830 bis 1860 bereits 14 bis 16 beziehungsweise 80 bis 85 Stunden. Erst durch die aufkommende Arbeiterbewegung konnten diese Arbeitszeiten eingedämmt werden. Und nach dem Ersten Weltkrieg, 1919, führte man dann endgültig den Acht-Stunden-Tag ein. Aber auch da orientierte sich die Arbeitszeit weitestgehend am Takt der Maschinen – der Dreischicht-Betrieb prägte die Arbeitstage von Generationen.

Wenn wir davon ausgehen, dass sich in einem Großteil der Büroberufe in den vergangenen Jahrzehnten ebenfalls ein Quasi-Maschinentakt durchgesetzt hat, wenn Büros als die Fabriken der Neuzeit gelten und wenn künftig in Zeiten von Industrie 4.0 der Einsatz und die Verfügbarkeit von Maschinen leichter gesteuert werden können, liegt der Ausweg sicher nicht in einer maschinenorientierten Arbeitszeitverordnung – sondern in einer radikalen Loslösung von starren Arbeitszeiten.

Arbeitszeitkonten und Sabbaticals

Es braucht vor allem mehr Mut. Wir müssen nicht nur die Arbeit neu erfinden, sondern auch das Verständnis von Arbeitszeit revolutionieren. Auf der einen Seite leben wir den technologischen Fortschritt, nutzen Tag für Tag hochmoderne Kommunikationslösungen, auf der anderen Seite fordern wir Arbeitszeitmodelle wie in den Nachkriegsjahren. Eben nur etwas humaner.

Wer human sein will, sollte aber vor allem ehrlich sein. Denn wir werden dahin nicht mehr zurückkehren können. Das ist Nostalgie. Der Streit um die Durchsetzung einer Sound-so-viele-Stunden-Woche kann nicht mehr die Lösung sein. Diese Zeit ist vorbei. Der Ausweg ist eine Neudefinition von Arbeitszeit.

Natürlich sind da Unternehmen gefordert. Wer seine Mitarbeiter mit modernen mobilen Geräten ausstattet, die das Arbeiten jederzeit von überall möglich machen, kann nicht erwarten, dass dieselben Mitarbeiter um 9 Uhr kommen, am Schreibtisch sitzen und erst gehen, wenn alles getan ist. Und sei es noch so spät.

Schauen wir, was der Gesetzgeber sagt: Im Arbeitszeitgesetz (ArbZG) ist geregelt, dass die werktägliche Arbeitszeit der Arbeitnehmer grundsätzlich acht Stunden nicht überschreiten darf. Zudem ist bereits eine Reihe von Flexibilisierungsmaßnahmen im Gesetz verankert, beispielsweise Gleitzeit, so etwas wie die Urform aller flexiblen Arbeitszeitmodelle. Neu sind auch Arbeitszeitkonten.

Beim Maschinenbauer Trumpf im schwäbischen Ditzingen entscheiden beispielsweise die Mitarbeiter selbst, wie viel sie in einer jeweiligen Lebensphase arbeiten wollen. Ein Hochschulabgänger hat mehr Zeit für den Beruf, will sich engagieren, will lernen und aufsteigen. Mit der Mehrarbeit zahlt er auf sein Konto ein, in einer späteren Phase seines Lebens kann er »Zeit abheben«. Beispielsweise wenn er eine Familie gründet und gemeinsam mit seiner Frau das Berufs- und Familienleben organisieren muss. Bei Trumpf haben die Mitarbeiter alle zwei Jahre die Möglichkeit, ihre vertragliche Wochenarbeitszeit in einem Rahmen von 15 bis 40 Stunden zu erhöhen oder abzusenken. Trumpf bietet seinen Mitarbeitern zudem Familien- und Weiterbildungskonten an sowie Sabbaticals, bei denen es möglich ist, zum halben Gehalt eine bestimmte Zeit ganz aussteigen.

Das Beispiel Trumpf zeigt: Es geht. Wir sagen: Es geht sogar noch mehr. Auch bei Microsoft werden Sabbaticals oder Auszeiten gerne genutzt, zum Ausschnaufen, aber auch zur Horizont-Erweiterung.

Hilft uns ein Stressreport?

Arbeit wird nicht mehr maschinell geprägt sein. Heute arbeiten bereits 40 bis 50 Prozent der Beschäftigten im Bereich der Wissensarbeit. Diese lässt sich kaum takten und zeitlich verorten, auch wenn das viele noch glauben. Es ist immer wieder verblüffend, dass wir regelmäßig Arbeitsbelastungen sehr genau auflisten, dass es so etwas wie einen jährlichen »Stressreport« der Bundesregierung gibt, der die Zunahme von Jobstress, von psychischen Erkrankungen, von Frühverrentungen auflistet und als Lösung lediglich die Verringerung der Arbeitszeit oder noch mehr Work-Life-Balance empfiehlt – aber eben nicht eine Neuerfindung von Arbeit.

Ein gutes Unternehmen betrachtet seine Mitarbeiter als erwachsene Menschen, die nicht nur wissen, wo und wie sie am besten arbeiten, die nicht nur selbst entscheiden können, was gut für sie ist, sondern auch Zeit eigenständig und verantwortungsbewusst einteilen können. Wir sind nicht die Erziehungsberechtigten unserer Mitarbeiter. Wir müssen nur bereit sein, die Arbeitszeit neu zu definieren. Im Sinne der Mitarbeiter. Wir müssen ihnen Zeit geben.

»Das Zeitmanagement ist tot«

In einem flachen Backsteinbau in Braunschweig wird Zeit gemacht. In der Physikalisch-Technischen Bundesanstalt stehen Atomuhren, die mit Hilfe des Atoms Cäsium 133 die genaueste Zeit Deutschlands ermitteln. Eine Sekunde ist hier das 9.192.631.770-Fache der Dauer einer Schwingung eines Cäsium-133-Atoms. Das ist der Takt der Zeit. Daraus werden Tage, Stunden, Minuten und Sekunden. Hier gibt es Zeit für alle Ewigkeit. Hier gibt es Zeit im Überfluss. Die Aufgabe liegt nun darin, diese Zeit neu zu verteilen – und zwar sinnvoll. Starre Arbeitszeiten gehören der Vergangenheit an.

»Auch das Zeitmanagement ist tot«, sagt Lothar Seiwert, einer der bekanntesten Zeitexperten Deutschlands. Wir müssten weg vom »immer mehr, immer schneller, immer hektischer«

– hin zu einer neuen Zeitkultur, in der man sich auf das Wesentliche konzentriert und die Dinge ein wenig gelassener sieht. Und das Wesentliche, wenn man Arbeit darunter subsumiert, kann in einzelnen Arbeitszeitblöcken geleistet werden.

Man wird drei, vier Stunden arbeiten, dann mehrere Stunden etwas anderes machen, mit der Familie, oder Sport, oder gar nichts, und danach wird es wieder einen Block mit Arbeit geben. Oder auch nicht. Wenn ein Unternehmen seinen Mitarbeitern vertraut, wird man schnell feststellen, dass jede und jeder in der Lage ist, sich seinen Tag eigenständig zu organisieren.

Das hat aber eine Welle der Veränderung zur Folge. Da gilt es zu klären: Sind Blockarbeitszeiten umsetzbar? Wie müssen Unternehmen die Arbeit anders organisieren, um dies zu ermöglichen? Wie lassen sich Blockarbeitszeiten vertraglich regeln? Oder reichen Zielvereinbarungen – und jeder organisiert seine eigenen Zeitblöcke? Welchen Anteil kann die Technik an diesem Wandel haben? Wie viel Verantwortung hat der Arbeitgeber, wie viel der Arbeitnehmer?

Klar ist: Arbeitszeit wird fließend. Klar ist auch: Das kann man negativ sehen – wenn man alten Arbeitszeiten verhaftet ist. Wir sehen aber in dieser neuen Aufteilung von Zeit den womöglich einzigen Ausweg, um mit Belastung, Stress und Erkrankungen umzugehen. Oder anders ausgedrückt: Wer sich alten Ordnungen unterwirft, wird heute krank.

Das Phänomen der rutschenden Hänge

In der Tat kann der Mensch kaum Schritt halten. Es herrscht Dauerdruck. Soziologen nennen das auch das »Phänomen der rutschenden Hänge«. Wer sich nicht pausenlos um das

Fortkommen sorgt, verliert ständig an Boden. Und wer einen kontrollierenden Arbeitgeber im Nacken spürt, wird kaum noch Halt finden. Wer aber Vertrauen spürt, wird dieses nicht enttäuschen wollen, und sieht sich auch darin bestärkt, Pausen zu nehmen – sich Zeit zu nehmen.

»Eine Pause ist keine untätig verschwendete Zeit, sondern eine Produktivkraft, genauso wie das Warten, die Wiederholung, die Langsamkeit – lauter Zeitformen, die in unserer Gesellschaft einen schlechten Ruf haben. Völlig zu Unrecht«, so Zeitforscher Karlheinz Geißler. Der Soziologe Hartmut Rosa geht einen Schritt weiter: »Ich halte es auch für wichtig, im Kalender einfach mal ›Frei‹ einzutragen oder noch besser ›Nichts‹. Donnerstags von 14 bis 16 Uhr: ›Nichts‹, so könnte ein Eintrag aussehen. Und das ›Nichts‹ wäre ein fester Punkt in der Woche, an dem man nichts macht.« Mit einem klassischen Acht-Stunden-Tag ist das nicht vereinbar. Mit flexiblen, ortsungebundenen Arbeitsbedingungen wird genau das möglich: ein »Nichts«-Termin. Und danach kann dann wieder in Ruhe gearbeitet werden.

Zum Denken in den Park

Wir haben bei Microsoft auch so eine Art »Nichts-Termin« eingeführt, ausgehend von der Idee, die Menschen im Team »denken zu lassen«. Das klingt abstrus, aber es ist eine eindeutige Ansage an alle Teams: »Ihr habt die Erlaubnis zu denken!« Jeder aus dem Team kann sich, wann immer er will, die Zeit nehmen, ein paar Stunden, einen halben Tag, um sich irgendwo hinzusetzen, in ein Café, in den Englischen Garten – und denken. Über Projekte, die anstehen, über wichtige Themen bei der Arbeit. Einfach sitzen und denken.

Dieser Denktag oder ThinkDay ist inzwischen in vielen Abteilungen eine feste Institution. Für mich – Thorsten Hübschen – bedeutet das immer auch einen ganz wichtigen Termin. Einige Stunden intensiv nachgedacht, und das Hirn bereitet den Weg für die nächsten Tage und Wochen. Das haben wir oft genug erlebt. Auch das ist nichts, was man verordnen kann, aber man muss die Möglichkeit geben. Was kann ich für euch tun? Das ist die Frage. Wer führt, der dient auch seinem Team. Das gilt insbesondere für flexibel arbeitende Teams.

12. FÜHREN, WENN DAS TEAM ZU HAUSE SITZT

FLEXIBLES ARBEITEN FUNKTIONIERT NUR, WENN FÜHRUNGSKRÄFTE OFFEN SIND UND ALLE IM UNTERNEHMEN »AUFTAUEN«

Wer möchte dieses Jahr der Chef sein?

»Ich!«, sagte Marc Stoffel im Jahr 2013. Und dann wurde er gewählt. Sie fanden ihn alle überzeugend. Marc sollte es richten. Deshalb bekam er die meisten Stimmen. Bei der Haufe-Umantis AG, einer schweizerischen Softwarefirma mit rund 150 Mitarbeitern, müssen sich Führungskräfte nicht jahrelang hochdienen, auch werden sie nicht von Headhuntern gecastet oder vom Aufsichtsrat bestimmt. Nein, sie werden gewählt, und zwar von denen, die am ehesten wissen, wer gut für sie ist: von den eigenen Mitarbeitern.

Jedes Jahr im November wählen die 150 Mitarbeiter ihre Chefs und Chefinnen. Nicht nur den CEO, sondern alle fünfzehn Führungskräfte. Es gibt einen kleinen Wahlkampf, Argumente und Strategien werden abgewogen, dann schreiten sie zur Tat. In der Regel stellen sich rund zwanzig Kandidaten auf, jeder, der will. Im Prinzip könne jeder aus dem Unternehmen einmal Chef werden, heißt es bei Haufe-Umantis, der sich geeignet fühlt und gewählt wird.

Es sei ein langer Prozess gewesen, bis alle dieses Vorgehen verinnerlicht hätten, es sei auch emotional abgelaufen, hätte einiges an Reibungen gegeben. Aber jetzt sind alle überzeugt: Das ist das Richtige! Und wer sich gut anstellt, überzeugend arbeitet, gut führt, kann jederzeit auch wieder gewählt werden.

Die Wahl des CEOs ist ein vielleicht übertrieben demokratischer Führungsstil, aber durchaus konsequent. »Starre, hierarchische Strukturen sind überholt«, sagt Stoffel. Es sei eine andere Zeit, Mitarbeiter wollen mitbestimmen, nicht nur über Gehalt, Arbeitsbedingungen, Urlaub, sondern eben auch über Strategien – und über die Führung. In gewisser Weise geben die Schweizer damit die Richtung vor: Jeder in einem Unternehmen kann der Richtige sein, jeder kann bis dahin unentdeckte Qualitäten zeigen, jeder kann vorangehen. Führen ist keine Geheimwissenschaft. Denn das ist die Crux in vielen Firmen: Viele Qualitäten der Mitarbeiter bleiben verschüttet, eben weil es festgelegte Strukturen gibt, weil an denen nicht gerüttelt wird, weil es eben so ist und weil Führung nur wenigen zugetraut wird.

Die Lösung liegt im Team

Bei den Softwarespezialisten wollen sie dahin nicht mehr zurück. Die firmeninterne Demokratie habe sich bewährt, sagt Stoffel: »Wir erleben, was auch zahlreiche Studien zeigen: dass die Mitarbeiter einen aktiveren Beitrag zum Unternehmenserfolg leisten können und wollen.« Die Frage ist: Wenn man per Abstimmung auf seinen Posten kommt, macht man dann alles, um wiedergewählt zu werden? Biedert man sich seinem »Wahlvolk« an? Macht man wie hart gesottene Politiker rechtzeitig üppige Wahlversprechen? Und wie ist es mit unangenehmen Entscheidungen? Vermeidet man diese, um seinen Posten nicht zu riskieren? Die Lösung liegt im Team.

Die demokratische Führung funktioniert nur, wenn das Team hinter einem steht, wenn es Feedback gibt, ehrliches, aufrichtiges, mitunter auch hartes Feedback. Vom Chef zum Mitarbeiter, vom Mitarbeiter zum Chef. Ohne Feedback kein demokratischer Führungsstil. Wenn ich mir als Führungskraft nicht anhören will, was ich verkehrt mache, und im Gegenzug meinen Mitarbeitern nur Fehler und Versäumnisse vorhalte, werde ich es heute schwer haben, mich als Führungskraft zu bewähren. Oder wie der gewählte CEO Marc Stoffel sagt:»Führung ist eine Dienstleistung am Team.«

Das Beispiel Umantis zeigt, wie man sich eine demokratisch legitimierte Führung schaffen kann. Es ist sicher nicht der einzige und vielleicht auch nicht der einzig richtige Weg, Mitarbeitern mehr Teilhabe und mehr Selbstverantwortung zu übertragen. Auch sind solche Formen der Demokratisierung eher bei kleineren Unternehmen machbar. Aber es zeigt, dass Überlegungen, Führung demokratischer zu gestalten, immer mehr ins Bewusstsein rücken.

Unternehmen müssen wieder zu Unternehmungen werden: eine Gruppe von Menschen, die gemeinsam eine Idee verfolgen, dafür Risiken eingehen, sich gegenseitig vertrauen und Sicherheit geben. Statt Abschottung nach außen und Druck nach innen – wie in heutigen Büros keine Seltenheit – sollte ein Unternehmen das exakte Gegenteil machen, durchlässig und aufmerksam Richtung Kunde und Markt und beschützend und unterstützend nach innen mit einer klaren Zielvorgabe.

Wie führt man nun ein abwesendes Team? Wie sieht diese Dienstleistung nun aus? Wie sieht sie vor allem aus, wenn das flexible Arbeiten umgesetzt wird, wenn nicht Sitzfleisch, sondern Ergebnisse zählen? Wenn der eine im Home Office, der andere im Café und der Dritte im Park sitzt? Oder anders gefragt: Wir führt man ein Team, das nicht immer da ist?

Antwort: Indem ich vor allem einen Satz aus dem Manager-Wortschatz streiche:»Vertrauen ist gut, Kontrolle ist besser.« Der Satz ist verkehrt, der stimmt nicht, der ist für jede Form des flexiblen Arbeitens ungeeignet. Wer heute ein Team führen will, sollte sich von seiner vermeintlichen Kontrollfunktion verabschieden. Natürlich sollte derjenige an der Spitze ungefähr wissen, was zu tun ist. Aber heute gilt eher der Wahlspruch: »Vertrauen ist gut, noch mehr Vertrauen ist besser.«

Wenn Teams eigenverantwortlich und selbstständig arbeiten sollen, muss die Führungskraft nicht als Über-Mutter oder Über-Vater agieren und mit Argusaugen darüber wachen, was denn die Herrschaften heute wieder alles anstellen. Sie sollten das selbst wissen.

Das ist das eine.

Vier Mal im Jahr. Vier Mal!

Das andere ist eine klare Definition von Zielen. Heute spricht man ja auch vom »Führen nach Zielen«. Darin liegt die Herausforderung heutiger und künftiger Führungsarbeit: präzise Formulierung von Zielen für jeden einzelnen Mitarbeiter. Man kann als Führungskraft nicht mehr im Ungefähr bleiben oder auf weitere Absprachen bauen (»Da sprechen wir nachher noch mal drüber«). Wenn das Team an vielen Orten aktiv ist, sich nicht im selben Gebäude befindet, muss es genaue Vereinbarungen geben, sonst funktioniert es nicht.

Wir haben das bei Microsoft konsequent umgesetzt. Vier Mal im Jahr besprechen wir mit jedem Einzelnen seine Ziele und die Zielvereinbarungen. Das ist in der Häufigkeit nicht oft anzutreffen in anderen Unternehmen. Denn vier Mal ein Gespräch mit der Führungskraft heißt auch: vier ganz konkrete Feedback-Runden, vier Mal die Möglichkeit, sowohl seine Ideen als auch sein Unbehagen thematisieren zu können.

Werte und Kultur vermitteln sich in der Sprache des Unternehmens. Folglich sollten Mitarbeiter, Kunden und Produkte im Zentrum der Begrifflichkeiten stehen, wohingegen heute oft englische Pseudo-Managementfachwörter und kryptische Kennzahlen die internen Sprachgewohnheiten vieler Unternehmen prägen. Wenn ein jeder Mitarbeiter eines deutschen Automobilherstellers über seine Arbeit spricht, sollten Worte wie »Fahrzeug« oder »Fahrer« mehr als einmal vorkommen, egal über welches Thema gesprochen wird.

Keine Leuteverwalter

In der neuen Arbeitswelt gibt es immer weniger reine »People Manager« – deutsch vorzüglich übersetzbar mit »Leuteverwalter«. Wissensarbeiter müssen nicht in der Erfüllung ihrer täglichen Arbeitsleistung oder gemäß der einzelnen Arbeitsschritte gemessen oder in der Ausführung ihrer Tätigkeiten angeleitet werden, wie es bei vielen Arbeitsmodellen in der Industriegesellschaft noch der Fall war. Eine sogenannte situative Führung wird hingegen mehr denn je benötigt und bleibt wichtig, essenziell für den »New Way of Work«.

Die – notwendige und gewünschte – Komplexität der neuen Arbeitswelt erfordert in viel höherem Maße als bisher schon die Prinzipien des situativen Führens. In der neuen Arbeitswelt wird das Verhältnis von Vertrauen, Freiheit und Kontrolle neu definiert. Während einerseits die Notwendigkeit und Möglichkeit der genauen Vorgabe der zu leistenden Arbeitsschritte durch Vorgesetzte deutlich abnimmt und sogar verschwinden kann, muss – um die Balance zu gewährleisten – anderseits die Notwendigkeit und Möglichkeit eines kontinuierlichen Dialogs und der Transparenz über Erfolg und Zielerreichung steigen.

Aufgrund der Komplexität der Wissensarbeit ist dabei Klarheit darüber zu erzielen, dass eine vollständige Quantifizierung und Budgetierung sowie Zielvorgabe immer weniger möglich sein wird und Führung und Erfolgsmessung verstärkt auch über qualitative Zielvorgaben erfolgen müssen.

Bei Microsoft haben wir in den vergangenen zehn Jahren genau mit diesem Zweiklang von hoher Freiheit und gleichzeitiger Transparenz im Hinblick auf Erfolg und Leistungsmessung die Schritte in die Neue Arbeitswelt gemacht.

Bin ich der Typ für so etwas?

Wir glauben daran, dass flexibles Arbeiten in Deutschland ein Erfolgsmodell werden kann. Aber weder kann man es verordnen noch künstlich herstellen. Deshalb haben wir von Microsoft Deutschland gemeinsam mit dem Beratungsunternehmen Gallup Regeln für das flexible Arbeiten entwickelt: Was sollten Führungskräfte und Arbeitnehmer beachten, damit das flexible Arbeiten gelingt? Es ist unsere Agenda für den »New Way of Work«.

Als Führungskraft sollte man jeden Arbeitnehmer auffordern, in sich zu gehen: Bin ich der Typ für so etwas, bin ich in der Lage, auch zu Hause zu arbeiten? Kann ich nach Feierabend abschalten beziehungsweise zum richtigen Zeitpunkt Feierabend machen? Bin ich selbstbewusst genug, um mir die Aufgaben selbst einzuteilen? Schaffe ich es, mich selbst zu managen und mir eigene Ziele zu setzen, Ziele, die mir keiner vorgibt? Kenne ich mich gut genug, um zu wissen, welche Schlagzahl mein Arbeitsrhythmus hat? Weiß ich, zu welchen Zeiten ich die Arbeit gut organisieren kann und wann nicht, und welche anderen Verpflichtungen muss ich eingehen? Und überhaupt: Kann ich zu Hause wirklich sorgfältig arbeiten, oder brauche ich die Arbeitsumgebung, brauche ich die Ordnung des Büros? Fehlen mir die Kollegen – und wie bleibe ich mit ihnen Kontakt? Mit diesen Fragen sollte sich jeder, der flexibel arbeiten will, konfrontieren. So ehrlich und offen wie möglich.

Man muss nicht mehr alles wissen

Ein Arbeitgeber wiederum muss in der Lage sein, das Vertrauen in den Mittelpunkt zu stellen. Man sollte die Stärke haben, es auszuhalten, wenn man nicht über jeden Schritt informiert ist. Im Grunde sollte jedes Unternehmen neben der Kommunikationstechnologie, die flexibles Arbeiten erst ermöglicht, auch eine neue Kultur erschaffen. Denn beim flexiblen Arbeiten, wenn es richtig verstanden wird, wenn es ernst gemeint ist, bleibt wenig so, wie es bisher war.

Wir haben von einem sehr demokratischen Führungsstil gesprochen, von einem Unternehmen, in dem die CEOs sogar gewählt werden. Ein erster Schritt zu mehr Demokratisierung ist aber bereits die Einsicht: Man muss heute nicht mehr alles wissen. Führung geht eher in Richtung Coaching, in Form von Unterstützung und Aufmunterung seiner Mitarbeiter. Es ist heute weniger eine Anleitung: Und dann machen Sie das, und dann das, und wenn Sie fertig sind, sagen ich Ihnen, was als Nächstes kommt! Das lässt sich nicht mehr anwenden. Abgesehen davon ist es immer auch eine Form der Einengung des Mitarbeiters.

Trotz aller Technologie und Vernetzung: Wir müssen uns immer wieder sehen. Wir bei Microsoft Deutschland haben es in einigen Abteilungen so geregelt, dass wir einmal in der Woche im Büro als Team zusammenkommen, dass wir Absprachen treffen können, dass wir uns austauschen, dass wir uns erleben. Ohne diese Präsenztermine ginge es nicht. Man würde seine Mitarbeiter vermutlich in der Tat aus den Augen verlieren.

Und noch etwas gilt es zu bedenken: Wissensarbeiter sollten anders geführt werden. In der im ersten Kapitel erwähnten Studie räumten nur 43 Prozent aller befragten Führungskräfte ein, dass sie Wissensarbeiter anders führen müssten. Die übrige Mehrheit praktiziert das sogenannte »Micro-Management«, also sie schreiben den Wissensarbeitern vor, wie sie ihre Arbeit erledigen sollen, und kontrollieren jeden Schritt. Mit der Folge, dass 46 Prozent der befragten Wissensarbeiter den Vorgesetzten immer noch in einer kontrollierenden Funktion anstatt als Coach betrachten. Für einen Wissensarbeiter ein unangenehmer Umstand, benötigt er doch jemanden, der ihn inspiriert, nicht jemanden, der ihm die ganze Zeit auf die Finger schaut.

Raus aus dem abgeschotteten Chefbüro

Die Studie hat noch einen interessanten Aspekt: Während Führungskräfte glauben, ihre angestellten Wissensarbeiter machten nur wenig Routine, sahen sich die befragten Wissensarbeiter dagegen vielen Routineaufgaben ausgesetzt. Und da sind wir wieder bei dem bereits erwähnten amerikanischen Ökonomen Robert S. Kelley: Denn wer sich die Power der Wissensarbeiter zunutze machen will, »muss neue Strukturen und neue Regeln schaffen«. Konformität und strenge Hierarchien stehen im Gegensatz zu dem, was ein Wissensarbeiter benötigt. Das sagte Kelley 1985 – und zu dieser Zeit gab es kein Internet, und der Zugang zu einem Computer war keineswegs eine Selbstverständlichkeit.

Was man als Führungskraft allerdings mehr als bisher benötigt, ist Offenheit. Es war einmal, dass man vor sich hinführen konnte, öfter mal wegblieb und nur für Handlungsanweisungen das gut abgeschottete Chefbüro verließ, um so schnell wie möglich wieder dorthin zurückzukehren, ohne die

Mitarbeiter an Fragen teilhaben zu lassen wie: Was ist unsere Strategie? Was haben wir für Pläne?

Heute muss eine Führungskraft viel transparenter sein. Man muss die Technologien nutzen, auf vielen Kommunikationskanälen präsent sein und versuchen, jede Mitarbeiterin, jeden Mitarbeiter regelmäßig zu erreichen.

Und wie war das bei Thorsten Hübschen?

Gerade zu Beginn meiner Zeit als Führungskraft habe ich erlebt, was viele Führungskräfte erleben: die Hektik bei den Mitarbeitern in den ersten Wochen. Alle kommen auf einen zu, liefern einem Zahlen, fragen:»Was brauchst du noch?« Dann gibt es noch mehr Zahlen, noch eine Frage:»Was sollen wir für dich organisieren?« Jeder scheint sich abzurackern, um dem neuen Chef Leistungen zu liefern.

Spätestens dann sollte jede Führungskraft diesem Treiben Einhalt gebieten und fragen:»Was kann ich denn für euch tun?« Und da beginnt gute Führung. Was kann ich für euch tun? Es war für mich ein großer Schritt, aber ich habe diese Frage auch gestellt. Denn es ist die Frage, ohne die heute Führung nicht funktioniert. Aus meiner Sicht ist es ein überholtes Modell zu glauben, Mitarbeiter seien dazu da, einem Chef, einem Unternehmen bedingungslos zu dienen, sich aufzureiben. Was haben wir davon? Was bringt uns das? Nun, vermutlich nicht so viel.

Wir haben Mitarbeiter, die sich verausgaben, die sich permanent bemühen, den Bedürfnissen des Vorgesetzten gerecht zu werden. Die sich aber auf der anderen Seite vermutlich nie wirklich gewürdigt fühlen, abends zu Hause sitzen und denken: Ich schaffe das nicht mehr. Wer als Führungskraft glaubt,

seine Mitarbeiter seien dazu da, ihm zu dienen, wird sich um-
gucken müssen.

Führen heißt für mich neben Zielvereinbarungen und Motivation auch Dienen. Was kann ich für mein Team machen? Wie
kann ich meine Mitarbeiter so arbeiten lassen, dass sie sich
wertgeschätzt fühlen, dass sie ihre Potenziale entfalten können,
dass sie ein Leben mit und neben der Arbeit führen können?

Und neben dem Dienen sehe ich auch im Beschützen eine
Aufgabe, also mich vor mein Team zu stellen. Man steht für
sein Team ein, beschützt es, übernimmt Verantwortung, auch
bei Fehlern. Beim Begriff »Beschützen« scheint es mittlerweile notwendig geworden zu sein, klar darauf hinzuweisen, was
man damit meint: Beschützen ist eben nicht ein Vertuschen
von Fehlern, ein Verdecken von schlechten Leistungen von
Mitarbeitern, kurz ein »Geklüngel« im Team. Beschützen heißt
Transparenz, Verantwortung und Mut und ist keine Stellung-
nahme in einem gefühlten Interessenkonflikt zwischen den
Mitarbeitern und dem Unternehmen. Indem ich mein Team
beschütze, handele ich im besten Interesse meines Unternehmens – nur so kann es funktionieren. Und damit baut man
nicht zuletzt auch Distanz ab.

Wer Menschen überzeugen will, muss Distanz abbauen.

Change wird zu Schaum

Auf der anderen Seite sehen und erleben wir, wie in der vernetzten Welt auch die einstige Sicherheit abhandenkommt.
Denn bisherige feste Strukturen entsprechen auch dem
menschlichen Bedürfnis nach Sicherheit und Bestand – und
die Scheu vor einem weiteren »Change«, vor neuen Ideen des
»Change Management« ist groß, weil der Wandel bisher meist

für mehr Belastung gesorgt hat. Der Weg in die neue Arbeitswelt wird vermutlich über ein gewandeltes Change Management führen. Wir werden Change Management brauchen, wir müssen Mitarbeiter bei Veränderungen mitnehmen, mit Vorträgen, mit Befragungen.

Doch an dieser Stelle wollen wir noch einen kleinen chemischen Exkurs wagen. Bisher ist »Change«, rein chemisch betrachtet, die Möglichkeit, von einem festen Aggregatzustand in den nächsten zu kommen. Machen wir nun ein Gedankenspiel: Wie könnte künftig der Wandel noch organisiert werden? Nun, genau so, wie man im Wasser durch die Hinzugabe eines kleinen Tropfens Seife eine Transformation auslöst, weil mit etwas Bewegung (Energie) aus Wasser plötzlich ein komplexer Schaum wird. Und Schäume verändern sich fortwährend und behalten gleichzeitig ihre Struktur.

Sicherheit und Beständigkeit werden hier nicht durch Festigkeit und Unveränderbarkeit der Strukturen gegeben, sondern durch den kontinuierlichen Wandel – der Schaum bleibt stets strukturell gleich. Genau dieses Modell, eine stabile Struktur, die weitgehend lokal und damit dezentral geformt wird, mit einem zentralen »Schmiermittel«, die sich in einem stetigen Wandel befindet und ihren Zellen gleichzeitig Freiheit und Eingebundenheit bietet, ist aus unserer Sicht das Denkmuster für die Organisationen der neuen Arbeitswelt – und richtungsweisend für die Transformation innerhalb eines Unternehmens.

Für die Transformation eines Unternehmens haben wir uns bei Microsoft konkrete Regeln erarbeitet, mit denen wir seit 2014 das Teamverhalten und die Organisationsstruktur auf eine neue Grundlage stellen. Wir nennen die von unserem ehemaligen Chef Christian Illek und dem gesamten Leadership-Team gemeinsam entwickelten Regeln »New Era 7«. Für

uns sind die folgenden sieben Punkte sowohl für den Trans-
formationsprozess als auch für das Arbeiten im Team so etwas
wie ein Leitmotiv:

1. **Wir fördern und unterstützen Risikobereitschaft.** Wir
   schaffen eine Arbeitskultur, die Risikobereitschaft durch
   verschiedenartiges Denken, Zusammenarbeiten und Pro-
   blemlösen fördert. Wir treffen kluge Entscheidungen auch
   ohne das gesamte Spektrum an verfügbaren Informationen und übernehmen dafür Verantwortung. Wir erlauben
   Fehler und helfen, fokussiert auf den Lerneffekt, an ihnen
   zu wachsen.

2. **Unser Handeln ist von Zusammenarbeit geprägt.** Wir
   wachsen durch Zusammenarbeit und lösen Hindernisse
   und Probleme zunächst in unseren Teams. Durch klar defi-
   nierte Verantwortlichkeiten sind wir abgestimmt und wissen, wer unser direkter Ansprechpartner ist

3. **Wir nutzen und schätzen die Erfahrungen und Ideen
   anderer.** Wir konzentrieren uns auf die Bedürfnisse anderer und unterstützen sie mit unseren Beiträgen und Handlungen. Wir manifestieren eine »Wir-Haltung« und setzen
   verschiedene Wertbeiträge sinnvoll ein, ohne das Rad neu
   zu erfinden.

4. **Wir kommunizieren und feiern Erfolge der Transformation.** Wir wecken unsere Leidenschaft für die Transformation dadurch, dass wir Erfolge feiern, und nehmen uns
   auch die Zeit dafür. Neben der Würdigung von Erfolgen
   teilen wir auch Hürden und Fehler, um gemeinsam daraus zu lernen.

5. **Wir sind ergebnisorientiert und übernehmen dafür die volle Verantwortung.** Wir übernehmen gemeinsam die Verantwortung für die Problemlösung und Qualitätsprüfung des gesamten Projektes (nicht nur für unserer Beitrag). Wir implementieren stetig neue Lösungsansätze, bis das gesetzte Ziel erreicht ist.

6. **Wir erwarten und belohnen hochwertige Beiträge.** Wir liefern wertvolle, zielführende Beiträge und belohnen diese. Wir unterstützen andere bei ihrer Zielerreichung und teilen proaktiv unsere Arbeit. Wir fördern Talente und geben ihnen Möglichkeiten, sich weiterzuentwickeln.

7. **Wir sind kundenorientiert und streben danach, uns zu verbessern.** Wir verstehen die Bedürfnisse unserer Kunden, reagieren zeitnah auf die Nachfrage des Marktes und stellen unseren Kunden individuelle Lösungen für ihre Herausforderungen bereit. Wir nutzen fortan Gelegenheiten, die zu einer Verbesserung der Qualität, des Services und der Produktivität beitragen.

13. WOLLEN WIR LAUTER FLEISSBIENCHEN?

FÜR ELKE FRANK SOLL ES GUTE ABSPRACHEN GEBEN, ABER KEINE NEUEN VERORDNUNGEN

Jeder darf arbeiten, wann und wo er will, das ist gut, das ist unser Prinzip. Doch man darf seine Mitarbeiter wie gesagt nicht aus den Augen verlieren – und umgekehrt sollte auch der Mitarbeiter die Führungskraft nicht aus den Augen verlieren. Es ist gegenseitiges Wahrnehmen. Und vor allem sollte man vermeiden, unnötig Druck aufzubauen oder gar einen Wettbewerb zu schüren, Motto: Wer antwortet am schnellsten, wer schickt die meisten Mails, wer antwortet auch noch nachts um drei?

Ich stelle daher regelmäßig in Teammeetings klar: »Ich erwarte nicht von euch, dass Antworten auf Mailanfragen auch am Wochenende oder abends oder frühmorgens kommen.« Wir verteilen keine Bonuspunkte für Fleißbienchen, keine Fleißkärtchen für Dauermailer, wir wollen uns nicht gegenseitig mit unsere Mailpower übertreffen. Es soll jeder selbst entscheiden, wie es für ihn am besten passt. Das muss man immer wieder wiederholen. Immer wieder sagen: Beobachtet euch selbst, setzt euch nicht unter Druck. Denn das sollte jeder Mitarbeiter auch verinnerlicht haben. Da ist Nachhaltigkeit entscheidend, das Thema muss immer angesprochen werden – und selbst sollte man auch vorleben, dass man sich nicht an Eingangszeiten der Mails orientiert.

Physisch oder virtuell?

Am Anfang meiner MS-Zeit habe ich gemerkt, dass mir eine Mitarbeiterin bei den Face-to-Face-Treffen aus dem Weg ging und an vielen Meetings, darunter auch Mitarbeiterversammlungen oder Teammeetings, lieber virtuell teilnahm. Das habe ich mir eine Zeit lang angesehen. Es blieb dabei. Sie wich aus und blieb bei Treffen lieber virtuell. Ich habe das angesprochen, was mir aufgefallen ist, und nachgefragt. Denn jeder hat einen Grund. Die Gründe sind wichtig, sie können auch variieren.

Bei besagter Mitarbeiterin war es ihr Hund, er konnte nicht so lange allein daheim bleiben. Gemeinsam haben wir dann klare Regeln ausgemacht: Wann sollte sie persönlich anwesend sein, was kann auch virtuell gehen? Regeln sind wichtig und müssen individuell nach Rolle und Persönlichkeit eines jeden Mitarbeiters angepasst sein. Eine Regel bei ihr ist: Der Hund ist jetzt manchmal mit im Office.

Ein anderer Mitarbeiter hat seine E-Mails immer abends zwischen 21 und 22 Uhr geschickt, immer, jede Mail kam in dieser einen Stunde. Zunächst habe ich mich gefragt: Woran liegt das? Ist er tagsüber überlastet? Kann er nicht aufhören am Abend? Ist es zu viel für ihn? Die Auflösung war: Er arbeitet einfach gerne abends – und damit können wir sehr gut leben.

Eine Führungskraft ist heute kein unnahbares Wesen mehr. Bei Microsoft praktizieren wir ja wie erwähnt Open Space, der Chefschreibtisch steht mitten im Raum, ist eben nicht abgeschottet. Um es mal überspitzt zu formulieren: Man sollte ruhig wissen, was sie oder er treibt. Wir halten das für selbstverständlich. Ob in Rundmails, in Blogs, am Telefon oder über soziale Netzwerke, es gibt eine Vielzahl an Möglichkeiten, um zu berichten, was sie so macht, die Führungskraft.

Für uns ist es eine Selbstverständlichkeit: Wir teilen per Mail oder Blog mit, wen man getroffen hat, was man angestoßen hat, welche Anregungen man bekommen hat, was geplant ist oder auch welche Aufträge möglicherweise auf das Unternehmen zukommen. Man macht Bilder, man verlinkt, ganz wie es Millionen von Menschen in den sozialen Netzwerken machen. Es werden viele Mails und Nachrichten getippt, nicht immer dienstlich, manchmal wird nur kurz gefragt, wie es geht oder wo man gerade ist.

Um die Bande zwischen den Kollegen zu stärken, veranstalten wir bei Microsoft recht viele Firmen-Events, damit man sich als Mensch kennenlernt, von Anfang an, nicht nur als Kollege. Ob man klettern geht oder Ausflüge macht – das hilft, um ein Gespür für die anderen zu bekommen, wie sie denken, wie sie reagieren. Sehr wichtig, gerade wenn man sie nicht jeden Tag sieht.

Aber entscheidend ist: Der Chef oder die Chefin sind nicht die abgehobenen Wesen, die im Verborgenen Großes (oder nicht so Großes) leisten. Chefs sind Dienstleister – und die teilen mit, was sie machen. Ein Tagesablauf von Elke Frank sieht beispielsweise so aus:

Montag, 10. November 2014, Vortrag in Frankfurt

6.30 Uhr: Wecker in Stuttgart

Aufstehen, kurzes Frühstück, kurz Mails checken

7.20 Uhr: Taxi zum Bahnhof, 7.51 Uhr: Zug nach Frankfurt zu einem Netzwerktreffen, Thema Industrie 4.0

Auf der Zugfahrt: E-Mails, zwei Livechats mit zwei Mitarbeitern, die beide »Early Birds« sind und morgens schon viel zu sagen haben. Dann noch Vortragsunterlagen prüfen, Vortrag ansehen

Ankunft in Frankfurt, Taxi zur Veranstaltung

Im Taxi Telefonat mit Mitarbeiter, kurze Abstimmung zu Betriebsratsverhandlungen

Veranstaltung, Vortrag, Diskussion

Post auf Social Media zur Veranstaltung

Den Kollegen berichten, was auf der Veranstaltung besprochen wurde. Des Weiteren werden Dateien und Fakten aus der Veranstaltung zur Verfügung gestellt, verbunden mit der Frage, ob wir das bei uns anwenden können und was wir daraus lernen können

Zugfahrt nach Hause, wieder viele E-Mails, Einladung an Führungskräfte für Freitag verschicken, mit meiner Assistentin zwei neue Reisen planen. Mit einer internationalen Kollegin einen Vortrag abstimmen

19.20 Uhr: Ankunft in Stuttgart. Rostbraten essen gehen in Stuttgart mit Ehemann

Und das weiß dann jeder.

Das ist vielleicht unspektakulär, aber das macht Elke Frank heute. Das ist für jeden einsehbar, das ist transparent. Und wer als Chef diese Offenheit vorlebt, kann sicher sein: Offenheit lädt zu Offenheit ein. Das ist die beste Voraussetzung für das flexible Arbeiten. Aber das geht nicht von heute auf morgen. Kein

Chef kann sagen: So, schöne Idee, ab morgen machen wir flexible Arbeit, Home Office, Social Media, und jeder kommt, wann er will.

Die Mitarbeiter »auftauen«

Die wichtige Voraussetzung für das flexible Arbeiten: Es muss freiwillig sein. Ist es verordnet, kann man es vergessen. Und zweitens: Es geht nicht von heute auf morgen. Das braucht einen Vorlauf. Und das Feedback muss stimmen. Ohne lebendige und etablierte Feedback-Kultur sollte kein Unternehmen an flexible Arbeitszeitmodelle denken. Nur wenn jeder im Unternehmen sagen kann, was gut oder nicht gut ist, erst wenn die Führungsebene akzeptiert, dass man sie kritisch sieht, und auch Mitarbeiter nicht sofort innerlich kündigen, wenn es Kritik gibt, kann Neues Arbeiten in Angriff genommen werden. Das kann dauern, aber es ist die maßgebliche Voraussetzung, dass sich Mitarbeiter nicht alleine, ja dass sie sich wertgeschätzt fühlen.

Feedback-Kultur ist der essenzielle Baustein einer Vertrauenskultur. Das »Unfreezing«, wie es Unternehmensberater nennen, also das »Auftauen«, kann schon dauern – bis der Erste den Mund aufmacht, bis irgendwann alle den Mund aufmachen. Aber es lohnt sich. »Ein Feedback ist ein Lernelement«, sagt der Organisationsberater Klaus Henning. »Gibt es gutes Feedback, können wesentliche Fragen eines Unternehmens geklärt werden, und zwar auf drei Ebenen: Wie geht es dem Einzelnen? Wie geht es dem Team? Wie geht es der gesamten Organisation?«

Im Management komplexer Systeme sei Feedback unersetzlich, so Henning. Nur im Feedback öffneten sich die Menschen, nur mit Hilfe des Feedbacks könnten sie sich wirklich einbringen. »Das mag therapeutisch klingen, aber wenn man einen Veränderungsprozess vorantreibt und die Menschen, seine Mitarbeiterinnen und Mitarbeiter, nicht anhört, ist die schönste Strategie obsolet.« Menschen mit einzubeziehen – das gelingt eben mit dem Feedback. Und wenn das gelingt, gelingt auch das flexible Arbeiten.

Keinen nach Hause zwingen

Wir von Microsoft haben die Präsenzpflicht abgeschafft. Keiner muss mehr ins Büro kommen. Das ist revolutionär, und das ist immer ein Risiko. Man muss da sehr genau sein. Wichtig ist, dass es jedem selbst überlassen bleibt, wie und wo er arbeitet. Das heißt im Umkehrschluss, dass jeder auch im Büro willkommen ist.

Wir haben das Beispiel Yahoo gesehen. Da hat Yahoo-Chefin Marissa Mayer 2012 ihre Mitarbeiter nach Hause geschickt – zum Arbeiten. Jetzt war das nicht jedermanns Sache, viele wussten gar nicht, was sie da zu Hause tun sollten. Sie arbeiteten zu viel oder zu wenig, gingen zum Teil verstärkt (oder ausschließlich) ihren Hobbys nach. Andere gründeten eigene Start-ups, und wiederum andere schlafften komplett ab.

Das war nicht das Ziel. Yahoo hat es nichts geholfen. Im Gegenteil. Deshalb wurden sie alle wieder zurückgeholt. Mit den Worten »Um der absolut beste Arbeitsplatz zu werden, sind Kommunikation und Zusammenarbeit wichtig, also müssen wir Seite an Seite arbeiten. Wir müssen ein Yahoo sein, und das beginnt damit, dass wir physisch zusammen sind«, begründete Mayer ihre Rückrufaktion. Und für 11.500 Yahoo-Mitarbeiter hieß das wieder: zurück ins Büro.

Es war ein Denkfehler. Flexibles Arbeiten heißt ja nicht: Alle müssen jetzt nach Hause. Flexibles Arbeiten heißt: Jeder, wie er will und kann, mit klaren Zielen. Und wichtig sind Präsenz-termine nach wie vor. Wer zu Hause besser arbeitet, kann es zu Hause machen, wer gerne ins Büro fährt, kann auch das machen. Für die meisten wird es ein Mix sein, man kann es eben nicht schwarz-weiß sehen oder »ganz oder gar nicht«. Es geht darum, Mitarbeitern die Freiheit zu lassen. Jede Form von Zwang wird in den meisten Fällen nach hinten losgehen.

Aber die eigentliche Frage ist: Wie kann man jemanden füh-ren, auf jemanden eingehen, jemanden motivieren, der nicht physisch anwesend ist?

- **Schritt 1:** Ich ändere meine Erwartungshaltung. Ich bin nicht der oberste Kontrolleur meines Teams. Ich bin der, der ungefähr die Richtung vorgibt und versucht, den Laden zusammenzuhalten, und genau diese Erwartungshaltung auch kommuniziert.

- **Schritt 2:** Ich ändere mein Verhalten.

- **Schritt 3:** Ich muss noch näher an meine Mitarbeiter rücken.

Sie haben die Wahl

Fakt ist, dass es nicht ohne Face-to-Face-Treffen geht. Man kann sich als Führungskraft nicht endgültig von den Mitarbei-tern verabschieden, denken: »Das wird schon« und gelegent-lich eine SMS schicken. Wenn sich jeder Mitarbeiter eine eige-ne Insel schafft, sollte man dieser Insel ab und an einen Besuch abstatten. Auch in Zukunft muss ein Chef erkennen, ob es je-mandem schlecht geht, ob jemand überlastet ist, ob er allen etwas vormacht, ob er in privaten Schwierigkeiten steckt. In einem Büro sitzend, werden Veränderungen vielleicht schneller wahrgenommen. Vielleicht.

Die Herausforderung beim flexiblen Arbeiten besteht darin, ein Gespür dafür zu entwickeln, ob etwas nicht stimmt, und wenn ja, was es sein könnte. Das hat etwas mit Empathie zu tun. Um das zu gewährleisten, benötigen wir einen direkten Kontakt, benötigen wir regelmäßige Präsenztermine.

Und das aus einem guten Grund. Wir sind der Meinung: Flexible Arbeitsmodelle sind gut für Mitarbeiter. Sie steigern die Produktivität und die Motivation. Und sie sind der Baustein, um Leben und Arbeiten besser zu vereinbaren. Sie sind auch ein Signal, dass Freizeit und Familie jedes Einzelnen von einem Arbeitgeber genauso wertgeschätzt werden wie die Leistungsbereitschaft und die Kreativität eines einzelnen Mitarbeiters.

Um nicht falsch verstanden zu werden: Führung heißt natürlich nicht nur Umgang mit Menschen und Empathie gegenüber den Mitarbeitern. Gute Führung basiert auch künftig auf der Fähigkeit, Visionen und umsetzbare Strategien zu entwickeln. Führen heißt auch, zu entscheiden und zu wissen, welche Qualität die eigenen Produkte und Dienstleistungen haben müssen.

Strategiefragen wird man nicht immer mit der gesamten Belegschaft debattieren können. Aber man wird ganz klar jedem Einzelnen vermitteln müssen: Auf dich kommt es an, und wir nehmen dich und deine Sorgen und Wünsche ernst.

14. »WIR MÜSSEN DIE WORK-LIFE-BALANCE VERBESSERN!«

WARUM WIR DIE ARBEIT POSITIVER SEHEN SOLLTEN

Wir müssen die Work-Life-Balance verbessern? Nein. Müssen wir nicht. Wir müssen Leben und Arbeiten neu organisieren. Eine Trennung der beiden Welten sollte nicht das Ziel sein. Arbeit kann etwas Schönes sein. In der Arbeit kann der Mensch seine Potenziale und Fähigkeiten entfalten. Nicht zuletzt zieht ein arbeitender Mensch Glück aus einer erfüllenden Tätigkeit. 95 Prozent des persönlichen Glücks werden vom Glück in der Arbeitswelt bestimmt, hat der US-Ökonom und Nobelpreisträger Edmund Phelps herausgefunden.

Damit das so bleibt, muss sich etwas ändern. Wir stehen heute an einem Wendepunkt. Wir werden, das haben wir bereits gesagt, die Art, wie wir als Menschen miteinander arbeiten, grundlegend ändern müssen.

Es geht darum, die Arbeit von morgen neu zu organisieren.

Die meisten Menschen, so sagen es die Bewahrer, wünschen sich von der Arbeit nur ein paar nette Kollegen, eine halbwegs korrekte Bezahlung, eine funktionierende Kaffeeküche, ein bisschen Flurfunk und dreimal im Jahr einen schönen Urlaub. Wenn man dann abends noch pünktlich nach Hause gehen kann, ist alles gut.

Vielleicht hat die alte Bundesrepublik solche seligen Zeiten noch erlebt. Und vielleicht steckt ins uns allen der Wunsch, dass es irgendwann noch mal so kuschelig wird, wie es nie gewesen ist – also dass wir in einem Unternehmen arbeiten für einen Chef, der uns großzügig alles oben Erwähnte ermöglicht, sozusagen wie beim All-inclusive-Urlaub. Wir müssen morgens nur pünktlich kommen, dann wird alles gut.

Die Illusion der schönen Arbeitswelt von gestern in die Zukunft weiterzutragen wird aber schwieriger und schwieriger. Wir können das drehen und wenden, wie wir wollen, die alte Vorstellung der Bürowelt werden wir nicht aufrechterhalten können. Und weil wir das nicht können, weil es viele auch nicht mehr wollen, müssen wir neue Plattformen der Zusammenarbeit schaffen, müssen wir den Kontakt untereinander, den Kontakt Chef–Mitarbeiter renovieren.

Viele Führungskräfte, die für hundert oder mehr Mitarbeiter verantwortlich sind, kennen kaum noch jeden Einzelnen persönlich. Das ist im Übrigen so wie bei unseren Facebook-Freunden, auch die kennen wir nicht alle. Trotzdem stehen wir im Kontakt, trotzdem tauschen wir uns aus, trotzdem diskutieren wir. Und warum sollte genau das nicht auch auf beruflicher Ebene funktionieren?

Müsste nicht jedem Vorgesetzten klar sein: Ich brauche soziale Medien, um meine Mitarbeiter kennenzulernen? Es sind die sozialen Netzwerke, die mir helfen, so etwas wie einen »Circle of Safety« zu schaffen. Der »Circle of Safety« ist ein Begriff, den der amerikanische Managementberater Simon Sinek geprägt hat und der besagt: Ein Team sollte auch immer ein Ort des Vertrauens und der Sicherheit sein, und eine Führungskraft sollte eben nicht nur diese Sicherheit ermöglichen, sondern auch ihrem Team in erster Linie dienen.

Das gilt nicht nur für vermeintlich hippe IT-Unternehmer, auch klassische Mittelständler und Familienunternehmen stellen sich auf eine Neuorganisation von Arbeit ein, und diese neue Organisation kann man sich eben auch als »Circle« vorstellen, als »Circle of Safety«. Nicht zuletzt, weil man als Arbeitgeber attraktiv für Talente bleiben will.

Die Talente zum Blühen bringen

Was mit dem Online-Einkauf begann und sich mit den sozialen Medien fortsetzte, wird vor der Arbeitswelt nicht Halt machen. Und das hat einen ganz einfachen Grund: Weil es die Menschen so mögen. Keiner würde sich mit Freunden im Netz austauschen, Bilder posten oder über Gott und die Welt diskutieren, wenn es ihm dabei nicht gut ginge.

Und in den neuen Technologien steckt eben einiges, um Menschen auch die Arbeit »gut« und zu einem wichtigen und schönen Teil des Lebens zu machen. Zu jenem Teil, »in dem man seine Gaben und Talente zum Blühen bringen kann«, wie es Ex-Telekom-Personalvorstand Thomas Sattelberger formuliert. Vermutlich werden wir auch unser Bild von Arbeit revidieren müssen. Wir haben uns angewöhnt, die Arbeit als große Belastung zu sehen.

Es sind die bekannten Klagelieder: »Wie lange musst du noch?« – »Morgen geht es wieder auf die Galeere.« – »Noch zwei Wochen, dann habe ich endlich Urlaub.« Im Radio feiern sie am Mittwoch »Bergfest«, weil das Wochenende näher rückt. Und im Satz »Ich muss morgen arbeiten« wird vor allem ein Wort betont: »muss«.

Die Arbeit scheint die große Belastung im Leben, fast schon die größte Bürde, die man Menschen aufhalsen kann. Im

Grunde ist es eine Respektlosigkeit von Unternehmen und Chefs, ihre Angestellten mit Arbeit zu quälen. Zumindest hat man häufig diesen Eindruck. Positive Aspekte der Arbeit wie »Ich habe etwas zu tun«, »Ich kann mein Potenzial entfalten« oder »Ich leiste etwas« laufen dabei Gefahr unterzugehen. Das Leben geht von Wochenende zu Wochenende, von Urlaub zu Urlaub – die Zeit dazwischen überbrücken wir mit etwas, das wir Arbeit nennen und das scheinbar nichts mit unserem Leben zu tun hat. Leben findet nur in der Freizeit statt. Arbeit und Leben, das verträgt sich irgendwie nicht.

Die Arbeit ist schuld

Statt der positiven Aspekte von Arbeit rücken die negativen in den Vordergrund. Diese Aspekte werden betont, und sie werden medial aufbereitet. Wir haben das beim »Burn-out«, dem »Ausgebranntsein« gesehen. Obwohl bisher keine einheitliche Definition des Burn-out-Syndroms existiert und Burnout noch keinen Eingang in die aktuellen Versionen gängiger Klassifikationssysteme der Medizin gefunden hat, wird diese Diagnose gestellt. Meistens steckt hinter einem Burn-out eine Depression. Die gängige Meinung ist: Die Arbeit ist schuld.

In der öffentlichen Wahrnehmung überwiegt vor allem eine Darstellung: Arbeit macht nicht nur keinen Spaß, sie macht uns auch alle kaputt. Wir haben uns seltsamerweise daran gewöhnt, die Lage immer schlechter darzustellen, als sie ist. Wenn beispielsweise Umfragen zum Thema Arbeit gestartet werden, haben die in der Regel einen sehr negativen Zungenschlag.

Im DGB-Index der Gewerkschaften 2012 zum Thema Arbeit wurden konsequenterweise nur negative Fragen gestellt, nach dem Motto: »Wie oft ist es in den letzten vier Wochen

vorgekommen, dass Sie sich nach der Arbeit leer und ausgebrannt gefühlt haben?« 44 Prozent der Befragten haben diese
Frage mit »Sehr häufig oder häufig« beantwortet.

In der medialen Aufbereitung wurden diese Ergebnisse als
Beleg gesehen, dass »die deutschen Beschäftigten leer und
ausgebrannt sind«, anstatt zu beleuchten, warum es denn
den anderen 56 Prozent der Befragen offenbar gut geht und
was man daraus lernen kann.

Das Schlimmste, was einem Menschen widerfährt

Große Beachtung findet immer auch die Zahl der »inneren
Kündigungen«, die von Meinungsforschern wie beispielsweise der deutschen Dependance des US-amerikanischen Gallup-
Instituts ermittelt werden. Im Osten Deutschland haben laut
Gallup-Studie im Jahr 2013 bereits 24 Prozent der Mitarbeiter
»innerlich gekündigt«. Sie wollen nicht nur weg, sie sind auch
extrem belastet. Die Zahl derer, die sich ausgebrannt fühlen,
stieg in den neuen Bundesländern von 40 auf 43 Prozent, in
den alten Bundesländern kletterte der Wert von 30 auf 34 Prozent. Die Zahlen seien »erschreckend«, heißt es bei Gallup. Und
wir ahnen: Die Arbeit ist das Schlimmste, was einem Menschen
widerfahren kann.

Das ist im wahrsten Sinne des Wortes ein recht antikes Bild
von Arbeit. Das antike Griechenland hatte beispielsweise mit
Arbeit nicht viel am Hut. Der Begriff Arbeit war eher negativ
besetzt. Der Dichter Homer besang den Müßiggang des alt-
griechischen Adels, körperliche Arbeit war höchstens Lebensinhalt von Sklaven, Knechten und, ja, Frauen. Aristoteles sah
es ähnlich: Frei sei ein Mann nur, wenn »er nicht unter dem
Zwang eines anderen lebt«. Aber, so die aristotelische Logik:
»Jede Arbeit bringt einen solchen Zwang mit sich.« Die Römer

wiederum standen der griechischen Arbeitsauffassung durchaus aufgeschlossen gegenüber. Cicero sagte:»Alle Handwerker befassen sich mit einer schmutzigen Tätigkeit, denn eine Werkstatt kann nichts Edles an sich haben.« Wenn überhaupt, achteten die Römer die schöpferische Gestaltung, nicht aber den Schweiß, der dabei floss.

Es waren die Christen, die als Erste einen positiven Blick auf Arbeit richteten. Jesu und seine Jünger waren ja vor allem auch Arbeiter, Handwerker und Fischer. Und damit begann auch eine Wertschätzung von Arbeit. Der Apostel Paulus sagte beispielsweise:»Wer nicht arbeiten will, soll auch nicht essen« – und damit war die Richtung vorgegeben. Hatten Griechen und Römer Arbeit noch diffamiert, erlebte die körperliche Arbeit vor allem durch das Christentum eine neue Form der Anerkennung, wenngleich sie durchaus auch als Mühsal wahrgenommen wurde. Das Wort »arbeiten« hat seinen Ursprung ja auch in »sich plagen, sich quälen«, wie im Übrigen auch das englische »labour«. Und dagegen ist wohl noch schwer anzukommen.

Eine wirklich objektive Bewertung der Arbeit scheint es nicht zu geben. Zwar liegt Deutschland gemeinsam mit Dänemark mit 30 bezahlten Urlaubstagen an der Spitze aller EU-Länder, hinzukommen noch im Schnitt zehn Feiertage, in Bayern sogar 13. In anderen EU-Ländern wie Polen oder Ungarn haben sie nur 20 Tage bezahlten Urlaub, in Griechenland 23, in Spanien auch nur 22. Und mit einer tarifvertraglich vereinbarten Arbeitszeit von 37,7 Stunden pro Wochen rangiert Deutschland unter dem EU-Durchschnitt. Eigentlich sind das gute Botschaften. Fast schon motivierend.

Nicht in Deutschland. Weil die Arbeit das Grundübel des Menschen zu sein scheint, hat ein Begriff die deutsche Arbeitswelt erobert: die Work-Life-Balance. Das schien die Lösung.

Wirtschaft und Politik waren sich einig: Wir müssen es ausbalancieren. Die »Work« und das »Life«.

Der Zither-Kurs an der VHS

Die vermeintlich schrecklichen Arbeitserfahrungen sollten, so das Ziel, mit dem schönen Leben in Einklang gebracht werden. Überspitzt formuliert sollte der Zither-Kurs an der Volkshochschule die Qual der täglichen Arbeit irgendwie kompensieren. Etwas weniger ketzerisch gedacht, sollte es den Menschen ermöglichen, Familie und Beruf, Kind und Karriere unter einen Hut zu bringen.

Das Problem dabei: Es wurde eine Trennung vollzogen. Die klare Trennung zwischen Arbeit und Leben. Und das ist fatal. Hat das eine nichts mit dem anderen zu tun? Ist Arbeit nicht Teil des Lebens? Sollte man bei der Arbeit nicht lebendig sein? Warum kann Arbeit und Leben nicht als Einheit gedacht werden? Und: Ist das wirklich die Lösung, um Mitarbeiter mit der Arbeit zu versöhnen beziehungsweise sie zur Arbeit zu motivieren?

»Work-Life-Balance ist ein Denkfehler«, sagt Thomas Sattelberger, »wenn Menschen sich stark auf eine ausgeglichene Work-Life-Balance fokussieren, ist das eher ein Zeichen dafür, dass sie ihr richtiges Leben noch nicht gefunden haben.« Es sei schlicht ein Irrtum zu glauben, dass mit regulierter Trennung von Arbeit und Privatem auch das Leben besser werde, meint der ehemalige Telekom-Vorstand.

Und die Berliner Unternehmerin Bea Beste hat bei Geschäftspartnern beobachtet, dass »diejenigen, die erfolgreich mit Dingen ihr Geld verdienen, die ihnen liegen und ihren Talenten entsprechen, so eine Freude bei der Arbeit haben, dass sie es glatt als ›Leben‹ bezeichnen: Sie networken oder schaffen Neues, sie bewegen Veränderungen, sie erkunden neue Länder und Sitten und erleben das, was Mihály Csíkszentmihályi als ›Flow‹ bezeichnet.« Bea Beste plädiert für das Überlappen von Privatem und Beruflichem.

Für das Überlappen der beiden »Welten«, die so getrennt nicht sind, wurde der Begriff »Work Life Blending« geschaffen. Weil es die strikte Trennung von Leben und Arbeiten nicht gibt, vermutlich nie geben wird, wenn Menschen leidenschaftlich und ihren Talenten entsprechend einer Arbeit nachgehen. Ob man dafür nun den Begriff »Work Life Blending« wählt oder es »Life Balance« nennt, mag zweitrangig sein, entscheidend ist, dass ein neuer Begriff das Vereinende beider »Welten« hervorhebt – und nicht das Trennende.

Fakt ist: Beides macht uns aus. Weder sind wir nur der »Profi im Job«, noch sind wir nur der Familienmensch. Weder müssen wir uns bei der Arbeit verstellen und so tun, als gebe es unsere Ehepartner oder Familien (und deren Probleme) nicht, weil das als Zeichen von Schwäche gelten könnte – noch müssen wir bis Freitag 19.31 Uhr »hart« arbeiten, damit wir um 19.32 Uhr entspannte Ehepartner sind.

Mit den neuen Möglichkeiten, mit der Technologie des 21. Jahrhunderts, mit der Vernetzung und den digitalen Tools sind die Chancen gewaltig gestiegen, genau das auch zu finden. Die meisten von uns können sich und ihre Fähigkeiten heute in einem globalen Netz darstellen. Die Zeiten sind vorbei, da wir mühsam dicke Handbücher lesen mussten, um die Wirksamkeit von Technologien zu begreifen. Wir erstellen einfach ein Profil von uns – und nehmen Kontakt auf. Wir müssen nicht in Jobs feststecken. Wir sind niemandem ausgeliefert. Der Ausweg liegt meistens in unserer Hand: Smartphones, in denen ganze Welten lagern. Schon mit diesen kleinen Dingern können wir zu Gestaltern werden, können Verknüpfungen und Verästelungen aufbauen. Es gibt diese Technologien, die uns genau das erlauben, jetzt, hier und heute.

Es sind jene Technologien, die uns erlauben, an jedem Ort der Welt zusammenzuarbeiten, natürlich auch von zu Hause – und sie erlauben auch, mit unserer Familie und mit Freunden in Kontakt zu bleiben. Eine IP-Telefoniesoftware wie Skype hat vermutlich im 21. Jahrhundert mehr für den Zusammenhalt von Familien getan als manche soziale oder kirchliche Institution. Wie selbstverständlich bleiben selbst entfernt lebende Verwandte und Freunde Teil des Lebens, wenn man sie »sieht« und mit ihnen spricht. Dass dies immer noch als unzureichende Form der Kommunikation kritisiert wird, mag eher ein kulturelles Problem sein als ein technologisches.

Die Schraube sagt, wie es läuft

Das Wort Revolution klingt immer sehr groß. Aber wir befinden uns tatsächlich mitten in einer gewaltigen digitalen Revolution, deren Ende wir nicht absehen können. Sicher ist, dass wir mit den Rezepten und den Arbeitskonzepten von einst diese Revolution nicht stemmen werden. Nehmen wir das Beispiel »Industrie 4.0«. In neuartigen Fertigungshallen wird die Produktionslogistik von einst auf den Kopf gestellt: Der Rohling sagt der Maschine, wie er bearbeitet werden soll. Die Schraube entscheidet mehr oder weniger über ihre Verarbeitung. Sich selbst steuernde und konfigurierende Maschinen und Lagersysteme verhandeln untereinander, wer freie Kapazität hat. Starre Fabrikstraßen werden zu modularen und effizienten Systemen. Das ist ein systemischer Ansatz, den wir Menschen befördern, von dem wir profitieren.

Die Frage ist: Warum orientieren wir uns nicht selbst daran? Wenn selbst die Maschinen das starre Maschinenzeitalter verlassen, warum hinken wir Menschen hinterher? Wir sollten uns nicht nur Gedanken machen, wie wir noch mehr Freizeit, noch mehr Urlaub bekommen – sondern wie wir unsere Talente und Potenziale entfalten, wie wir das an jedem Ort der Welt tun können und wer uns die Möglichkeit gibt mitzugestalten.

Nicht nur auf mehr Urlaub hoffen

Es kann aber nur mitgestalten, wer begeistert ist, wer ernst genommen wird. Da sind sowohl Unternehmen als auch Mitarbeiter gefordert. Jedem Unternehmer muss klar sein, dass Mitarbeiter keine Ressource, kein Kostenfaktor sind, die es auszubeuten und zu optimieren gilt, sondern die es zu begeistern gilt. Und als Arbeitnehmer einfach auf dem Stuhl sitzen zu bleiben, weil man glaubt, es findet sich eh nichts Besseres, und im besten Fall auf mehr »Work-Life-Balance« oder mehr Urlaub zu hoffen, scheint weder zeitgemäß noch zukunftsfähig. Vielleicht sollten wir in Zukunft ein paar Umfragen und Studien weniger machen, wie belastend die Arbeit ist, und mehr Umfragen dahingehend machen, wie gute Arbeit aussehen kann, wie Menschen dazu gebracht werden, Mitgestalter zu werden, und mit welcher Technologie sich das umsetzen lässt.

Das digitale Zeitalter ist dafür geschaffen, neue gute Arbeit entstehen zu lassen. Statt Konzepte zu entwickeln, wie mit Arbeit umgegangen wird und wir möglichst viel Freizeit haben, sollten wir uns darauf konzentrieren, eine sinnvolle Synchronisation von Arbeits- und Familienwelt zu schaffen. Wenn wichtige Indizes wie der Better-Life-Index der OECD besagen, dass sich viele Menschen auch nach Feierabend noch Sorgen über Probleme machen, die mit ihrer Arbeit zusammenhängen, und dass Familie und Freunde unter ihrer hohen Arbeitsbelastung leiden, ist das alarmierend. Deswegen die Arbeit an sich zu verteufeln, scheint uns der falsche Weg – vielmehr glauben wir daran, gute Arbeit neu zu erfinden.

Methoden des Maschinenzeitalters

Das Fatale an der Situation: Obwohl wir uns in einer technologischen Revolution befinden, die einen Einschnitt wie die Industrialisierung im 19. Jahrhundert bedeutet, vertrauen wir den Rezepten der letzten Jahrzehnte.

Ja, die Möglichkeit einer ständigen Erreichbarkeit im Job hat durch die technologische Entwicklung rapide zugenommen und kann zum gesundheitlichen Problem werden. Aber eben nur dann, wenn man auf Präsenzpflicht besteht, seinen Mitarbeitern wenig Freiraum gibt und sie darüber hinaus mit Mails und Anrufen an der kurzen Leine hält. Das ist nicht gut. Das ist eine überkommene Sicht auf Arbeit und Mitarbeiter. Das sind Methoden des Maschinenzeitalters.

Wenn wir nun beginnen, das Arbeitsleben zu renovieren, wenn Arbeiten flexibler und ortsunabhängiger wird, dann kann das nicht auf die Berufswelt beschränkt sein. Denn die Institutionen im privaten Bereich sind ebenfalls renovierungsbedürftig. Wir treffen gerade da auf eine immer noch starre Welt. Während Arbeit und Kommunikation immer einen Schritt weiter gehen, gerade auch technologisch, fühlen sich viele Eltern mit Schulen oder Kitas konfrontiert, die nicht einmal per Mail erreichbar sind oder an starren Zeiten festhalten.

»New Way of Work« heißt eben auch: Wir können das eine nicht ohne das andere denken. Es bedarf einer Synchronisation von privater Welt und Arbeitswelt, sonst entsteht ein

Ungleichgewicht, das weder der einen noch der anderen Welt nutzt. Wenn wir die von Thomas Sattelberger diagnostizierte »Kreativitätsstarre« in Unternehmen lösen wollen, brauchen wir auch Innovationsfreude in der privaten Welt.

Mitarbeiter in Planungsprozesse integrieren

Revolution der Arbeit heißt vor allem: Es muss sich der Blick auf die Mitarbeiter wandeln. Wenn Mitarbeiter zu Mitgestaltern werden sollen, muss sich das Klima in der Arbeitswelt, muss sich Führung ändern. So hat der Managementberater Niels Pfläging das Steuerungsmodell »Beyond Budgeting« entwickelt, das sich von fixierten jahresbezogenen Zielsetzungen eines Unternehmens verabschiedet, weil diese »in ihrer Grundstruktur unbeweglich sind«. Beyond Budgeting ermögliche dagegen ein andauerndes Planen sowie spontanes und gelenkiges Eingehen auf Veränderungen.

Das Ziel ist nicht die Budgetvorgabe, sondern die Besten zu sein und sich somit im Vergleich zum Wettbewerb steigern zu wollen. »Das Management übernimmt nur noch die Führung in der Formulierung klarer Ziele, Werte und Grenzen statt detaillierter Regelwerke. Informationen werden transparent behandelt und nicht als Machtmittel eingesetzt. Das Gehalt regelt sich nach den Ist-Leistungen, und die Mitarbeiter sind in die Planungsprozesse integriert.«

Das bedeutet auch: Der einzelne Mitarbeiter ist in Entscheidungsprozesse eingebunden. Es ist wichtig, was er tut. Die Idee Pflägings beruht auf der Grundannahme, dass Menschen intrinsisch motiviert sind, Talente besitzen und den Wunsch haben, einen Beitrag zu leisten, dass sie Anerkennung suchen und nach Sinn streben. Wer das als Unternehmer erkennt und wem es gelingt, ein gutes, offenes »Handlungsklima« zu schaffen, der muss sich um Work-Life-Balance keine Sorgen machen.

Das Menschenbild der Neoklassik

Der Mensch arbeitet gerne. Viele Führungskräfte glauben jedoch nach wie vor, der Mensch habe einen Abscheu vor jeder Arbeit und Angestellte müssten deshalb kontrolliert und mit Strafen bedroht werden, um überhaupt etwas Produktives zu leisten. »Es ist das Menschenbild der Ökonomen der sogenannten Neoklassik, das bis vor kurzem noch weite Teile der Volks- und Betriebswirtschaftslehre prägte«, sagt der Ökonom Karlheinz Ruckriegel. Er verweist zudem auf Douglas McGregor, einen der Gründerväter des modernen Managements, der schon vor fast sechzig Jahren von der Existenz zweier gegensätzlicher Menschenbilder im Wirtschaftsleben ausging.

Die »X-Theorie«, wie McGregor sie nannte, entspricht dem Menschenbild der Neoklassik: Sie geht ohne Belege davon aus, dass die meisten Menschen, also auch die Angestellten, Verantwortung vermeiden wollen und geführt werden müssen. Der »Y-Theorie« entspricht das gegenläufige Menschenbild, das durch die Glücksforschung empirisch belegt ist. Demnach kann Arbeit eine Quelle der Zufriedenheit mit dem Leben sein. Das heißt: Wenn Menschen sich mit den Zielen der Organisation identifizieren, sind externe Kontrollen unnötig, weil sie sich selbst disziplinieren und eigene Initiative entwickeln.

»Wir wissen aus der Glücksforschung, dass Arbeit unter diesen Bedingungen neben gelingenden sozialen Beziehungen und physischer und psychischer Gesundheit ein wesentlicher ›Glücksfaktor‹ ist«, sagt Ruckriegel. Das Glück sei eben nicht nur die Privatangelegenheit der Angestellten – wie das noch viele Arbeitgeber dachten. Dabei gebe es einige auch betriebswirtschaftlich überzeugende Gründe, das Wohlbefinden zum Unternehmensziel zu machen: »Glückliche Mitarbeiter sind engagierter, kreativer, produktiver, loyaler und kooperativer. Sie verbessern die betrieblichen Ergebnisse.«

15. GELD MACHT NICHT UNGLÜCKLICH, ABER AUCH NICHT GLÜCKLICH

WAS DIE GENERATION Y VOM ARBEITEN ERWARTET UND WARUM DER UNTERSCHIED ZWISCHEN ALT UND JUNG NICHT SO GROSS IST

Ein Bewerbungsgespräch:

>>Gehalt?<<

>>Ja, ist wichtig für mich. Ist aber nicht entscheidend für das Glück. Geld macht nicht unglücklich, es macht aber auch nicht glücklich.<<

>>Firmenparkplatz?<<

>>Nö, brauche ich nicht.<<

>>Einen Dienstwagen?<<

>>Ach ...<<

>>Gut, haben Sie noch Fragen?<<

>>Ja, welche flexiblen Arbeitszeitmodelle haben Sie in Ihrem Unternehmen, oder anders gefragt: Inwieweit kann ich bei Ihnen Herr über meine Zeit sein?<<

Kein ungewöhnlicher Gesprächsverlauf. Im Grunde laufen die meisten Bewerbungsgespräche auch bei Microsoft inzwischen nach diesem Muster. Die Frage nach der Flexibilisierung kommt recht früh. Sicher ist: Sie kommt jedes Mal. Und zwar bei allen Bewerbern, nicht nur bei der viel zitierten Generation Y. Auch ältere Bewerber wollen wissen: Wie ist das mit der flexiblen Arbeitszeit?

Doch den zwischen 1980 und 1994 Geborenen, also jener Generation Y, gilt derzeit ein Hauptaugenmerk, sind sie doch der begehrte Nachwuchs in einer alternden Gesellschaft, fast so etwas wie eine Rarität: junge Arbeitskräfte. Zudem welche, die sehr genau wissen, was sie wollen.

Und so sollte auch jedes Unternehmen sehr genau wissen, wer da vor ihnen sitzt. Denn das Thema Selbstbestimmung ist inzwischen bei Bewerbern zu einem entscheidenden Kriterium geworden. Also: Inwieweit bietet einem das Unternehmen die Chance, seine Zeit frei einzuteilen, inwieweit können Mitarbeiter entscheiden, wann, wie und wo sie arbeiten? »Das Statussymbol der Generation Y ist die Selbstbestimmung«, sagt auch die Autorin und Zeit-Journalistin Kerstin Bund, selbst Y-Mitglied, die sich unter ihren Altersgenossen umgehört und vor allem erlebt hat, wie diese ihre Wünsche auch gegenüber Arbeitgebern sehr selbstbewusst äußern.

Nicht das schicke Büro

Bei Microsoft haben wir inzwischen gute Antworten, auch auf die eingangs erwähnte Frage. Dass wir die Präsenzpflicht aufgehoben haben – wir nennen das Vertrauensarbeitsort, den es bei uns neben der Vertrauensarbeitszeit neuerdings auch gibt –, dass wir jedem Mitarbeiter die Möglichkeit bieten, Leben und Arbeiten sinnvoll zu verknüpfen, das wird vor allem von den jungen Bewerbern wohlwollend registriert. Übrigens auch der Umstand, dass wir bei uns im Haus mit althergebrachten Statussymbolen aufgeräumt haben.

Nicht das schicke, verglaste Büro, nicht der Parkplatz möglichst nahe am Eingang sind wichtig – wichtig ist, dass Arbeitszeit und Arbeitsort eigenverantwortlich gestaltet werden können. Wichtig ist, dass sich Eltern Zeit für ihre Familie nehmen dürfen, dass Elternzeit möglich ist, dass sich vor allem auch Väter um ihre Kinder kümmern können. Wichtig ist auch, dass wir starre Hierarchien aufgelöst haben, dass Führungsverantwortung auf mehrere Schultern verteilt wird.

Und es gibt noch einen nicht ganz unerheblichen Grund, warum sich viele für uns entscheiden: Wir bei Microsoft praktizieren eine sehr lebendige Feedback-Kultur. Chef zu Mitarbeiter, Mitarbeiter zu Chef – jeder hat das Recht, den Mund aufzumachen. Jeder wird gehört. Jeder wird ernst genommen.

Feedback sei etwas, »worauf die gesamte Generation Wert legt«, sagt Kerstin Bund. Das bedeute aber nicht, dass die jungen Leute immer nur gelobt werden wollten – sie wollten vielmehr »individuell geführt werden«, sie wollten eine präzise Einschätzung ihrer Fähigkeiten und ihrer Person. Sie wollen als kompletter Mensch gesehen und nicht nur daran gemessen werden, was sie im Beruf leisten. »Dem Partner den Rücken freihalten, der Tochter ein Baumhaus bauen, sich um die eigenen Eltern kümmern – auch das sind Leistungen, über die wir uns definieren.«

Geld sei nicht der Hauptgrund, sich für oder gegen einen Job zu entscheiden. »Harte Anreize wie Gehalt, Boni und Aktienpakete treiben uns weniger an als die Aussicht auf eine Arbeit, die Freude macht und einen Sinn stiftet«, so Bund weiter. »Sinn zählt für uns mehr als Status.« Ein ordentliches Gehalt hingegen sei das, was Arbeitswissenschaftler gerne einen »Hygienefaktor« nennen: »Es verhindert die Entstehung von Unzufriedenheit, stiftet aber bei positiver Ausprägung allein auch keine Zufriedenheit.«

TEIL III | DIE ARBEIT NEU ERFINDEN

Wenn es nicht so klappt, dann gehe ich wieder

Sicher ist: Kein Arbeitgeber kann sich dieser Einstellung verschließen. Kein Arbeitgeber kann heute leichtfertig über diese Wünsche hinweggehen und sie ignorieren. Denn es gibt einen sehr leicht nachvollziehbaren Grund, warum die Y-er so selbstbewusst auftreten können: den demografischen Wandel.

Wenn einer alternden Gesellschaft die Fachkräfte ausgehen, wenn bald 5 bis 6 Millionen Arbeitskräfte in Deutschland fehlen, wenn dringend Ingenieure, IT-Experten oder Physiker gesucht werden, wenn es in manchen Branchen wahre Kämpfe um Talente gibt, dann macht das die verbliebenen Bewerber sehr selbstbewusst. Hatten Unternehmen früher die große Auswahl unter vielen Bewerbern, müssen sie heute selbst enorm an ihrer Attraktivität arbeiten. Ein gut qualifizierter Mitarbeiter muss es nicht einmal aussprechen, ein aufmerksamer Arbeitgeber ahnt es ohnehin: »Wenn ich nicht so arbeiten kann, wie ich mir das vorstelle, dann gehe ich wieder.«

In der Rushhour des Lebens

Doch wirklich neu sind die Forderungen der Generation Y eigentlich nicht. Wir merken das auch bei Microsoft. Wir haben derzeit ein Durchschnittsalter von 42 Jahren, was für die IT-Branche recht hoch ist. Rund 10 Prozent beträgt der Anteil der über 50-Jährigen, etwa 25 Prozent machen die 20- bis 35-Jährigen aus. Der Großteil der Mitarbeiter ist jedoch zwischen 35 und 49 Jahre alt, also eher der Generation X zuzuordnen. Und daher wissen wir auch: Das flexible Arbeiten ist keineswegs nur ein Wunsch der Jüngeren.

Gerade die älteren Mitarbeiter, die Familien gegründet haben, die »sesshaft« geworden sind und sich in der berühmten »Rushhour des Lebens« befinden, sind dankbar für die freie Zeiteinteilung. Denn die Forderungen nach einer sinnstiftenden Tätigkeit und nach einer Vereinbarkeit von Beruf und Familie sind ja nicht wirklich neu. Nur haben sich die bisherigen Bewerber, also die Generation X und die Generationen noch früher im Alphabet, meistens zurückgehalten – es gab ja genügend andere Bewerber. Man sorgte sich um den Job, man wollte keine Schwäche zeigen, man riskierte enormen Stress, um Beruf und Privatleben unter einen Hut zu bekommen. Nun können gerade qualifizierte Fachkräfte ihre Wünsche eben offen ansprechen, neu sind diese Wünsche jedoch nicht.

Der Teilzeit-Chef

»Werteorientierung und Sinnsuche haben sich bei den Bewerbern nicht wirklich verändert«, bestätigt der Arbeitswissenschaftler Torsten Biemann von der Universität Mannheim. »Mitarbeiterwünsche bleiben seit Generationen stabil.« Man hat nur heute eben den Mut, die vermeintlich weichen Faktoren auch offensiv anzusprechen. Die tatsächlichen Unterschiede beispielsweise zwischen den Generationen X und Y seien bis auf die Freizeitorientierung geringer, als die öffentliche Diskussion vermuten lasse.

Was Biemann für bedeutend hält, sind hingegen die einzelnen Lebensphasen, zum Beispiel Familienzeit. Einen Unterschied sieht Biemann in der Definition von »Belohnung«. Während die Vertreter der Generation X stärker extrinsisch orientiert sind, also sich nach wie vor von Macht, Geld und Prestige motivieren lassen, sei die Generation Y eher intrinsisch motiviert, definiere sich also stark über Arbeitsinhalte. Und während die

X-ler durchaus noch eine Führungsposition als höchstes Ziel sehen, sozusagen als Krönung der Laufbahn, sieht die Generation Y auch Führungsfragen etwas differenzierter.

Es muss nicht mehr den einen Chef oder die eine Chefin geben. Doppelspitzen sind denkbar, als eine Art »Job Sharing« auf oberster Ebene. Der Bosch-Konzern hat sogar begonnen, Teilzeitmodelle für Manager auszuprobieren, damit diese Familie und Beruf vereinbaren können, auch bei der Daimler AG werden sogenannte Tandemmodelle erprobt. Das Modell Teilzeit-Chef könnte auch für mehr Frauen in Führungspositionen sorgen.

Denkbar ist zudem, dass je nach Projekt die Führungsperson rotiert. Dadurch verteilt sich die Verantwortung, ein Team führt gemeinsam. Das macht Führung demokratischer, das macht Führungsposition nicht zu einer abgesperrten Zone, die nur den Härtesten, den Besten, den Hartnäckigsten vorbehalten bleibt. Jedoch gilt auch hier zu bedenken: Diese sogenannten Tandem-Führungspositionen brauchen ganz klare Absprachen. Zuständigkeiten müssen präzise geklärt sein – das ist essenziell für den Erfolg.

Change ist heute jeden Tag

Man sollte jedoch nicht den Fehler machen, die Generationen Y und Z aufgrund ihrer Interessen und Schwerpunkte als »Generation Weichei« zu betrachten oder, wie es ein Autor auf Spiegel Online formulierte: »Generation Y – wählerisch wie eine Diva beim Dorftanztee.« Denn ihre Mitglieder verfügen über einen nicht zu unterschätzenden Fleiß und Ehrgeiz. In der jüngsten Shell-Studie war die Leistungsbereitschaft unter den 12- bis 25-Jährigen die höchste, die je gemessen worden ist. Sie sind also bereit, viel zu geben, viel zu leisten. Wenn die Arbeitsumgebung stimmt – und wenn die Aufgabe stimmt. Sie wollen Abwechslung, sie wollen sich immer wieder neu motivieren mit neuen Aufgaben. So flexibel, wie sie arbeiten, so flexibel sollen auch Herausforderungen sein.

Wir bei Microsoft sind dazu übergegangen, Mitarbeiter immer wieder mit neuen »Projekten« zu konfrontieren – damit keiner in der Routine erstarrt. Klar, in der IT haben wir da gute Möglichkeiten, vielleicht mehr als in manchen anderen Branchen. Aber kaum noch ein Unternehmen fährt heute im immer gleichen Fahrwasser. Fast jedes Business wird zunehmend zum Projektgeschäft. Denn die Konkurrenz schläft nicht, kann – dank Digitalisierung und Globalisierung – schnell viele Marktanteile erobern. Das führt zu einem ständigen Wandel. Um es auf den Punkt zu bringen: Change ist heute jeden Tag. Change ist Daily Business.

Alte und junge Mentoren

Bei aller Bedeutung, die der Nachwuchs hat, sollte man als guter Arbeitgeber aber auch die älteren Mitarbeiter, die Senior Professionals, nicht aus dem Blick verlieren. Eine Herausforderung ist für jedes Unternehmen die Zusammenarbeit von Alt und Jung. Wie gelingt das? Wie ziehen der 27-Jährige und der 53-Jährige gemeinsam an einem Strang, wenn der Jüngere größtenteils in sozialen Netzwerken kommuniziert und der Ältere den direkten Austausch pflegt?

Um ein Miteinander der Generation zu erreichen, haben wir bei Microsoft Mentorenmodelle aus der Taufe gehoben. Und hier zeigt nicht nur der Erfahrene dem Jüngeren, auf was es ankommt. Auch der Jüngere erklärt dem Älteren, was man heute wissen muss, beispielsweise bei der Nutzung von brandneuer Technologie. Das hat sich als gute Annäherung der Generationen bewährt – und nicht zuletzt fördert es auch die gedankliche Flexibilität.

Die neue Generation hat vor allem gelernt, dass nur noch wenige Dinge orts- oder zeitgebunden sind. Wenn man verinnerlicht hat, dass man abends um 22 Uhr Bücher und Sporthosen im Netz kaufen kann, wenn man im Urlaub in Norwegen sitzt, wenn man sich mit Freunden in England, Berlin oder Schanghai austauscht – warum soll man sich dann an starre Arbeitszeiten halten?

Wie verordnet man Mitgliedern dieser Generation, dass sie zu einem bestimmten Ort an einer bestimmten Stelle sitzen und eine bestimmte Arbeit tun müssen? Oder anders gefragt: Welche Ergebnisse erhofft man sich durch diesen künstlichen Zwang?

Wir werden nicht umhinkommen, individuelle Arbeitsrhythmen zu schaffen. Jeder wird arbeiten, wann, wo und wie er am kreativsten und produktivsten ist. In Zukunft werden Menschen nicht nach abgesessenen Stunden auf dem Schreibtischstuhl bewertet, sondern nach der erbrachten Leistung. Wie und wo die erbracht wurde? Das muss jeder zunehmend selbst entscheiden.

Die Zahlen, die man kennen muss

Edmund Phelps (US-Ökonom und Nobelpreisträger): 95 Prozent des persönlichen Glücks werden vom Glück in der Arbeitswelt bestimmt. Daher muss die Arbeit künftig bessere Möglichkeiten bieten, Glück aus einer erfüllenden Tätigkeit zu ziehen.

WiWo 2012: 64 Prozent der befragten Unternehmen rechnen mit einem enormen Zuwachs an virtuellen Teams.

Der Satz, den man sich merken sollte

Es muss Mitarbeitern zugetraut werden zu wissen, was für sie das Beste ist, wie sie am effizientesten arbeiten – und man muss es sie auch so realisieren lassen. Wissensarbeit lässt sich kaum zeitlich bemessen, verorten oder takten.

Arbeit muss neu verstanden und gefühlt werden, weniger als Muss oder Bürde denn vielmehr als eine erfüllende Tätigkeit.

Das Zitat, das es auf den Punkt bringt

»Elender ist nichts als der behagliche Mensch ohne Arbeit, die Schönste der Gaben wird ihm Ekel.«
Johann Wolfgang von Goethe

ORT

16. NEUE ARBEIT NICHT NUR DENKEN
Wie Microsoft in München den idealen Ort für Wissensarbeit anstrebt

Wir bauen derzeit eine neue Deutschland-Zentrale im Stadtteil Schwabing. Dort sollen die bestmöglichen Arbeitsräume für Wissensarbeiter geschaffen werden. Und dafür nutzen wir das Wissen unserer Mitarbeiter. Sie wurden von Anfang an in den Change-Prozess mit einbezogen. Das ging beispielsweise schon los bei der Auswahl des neuen Standorts. Wir hatten drei zur Wahl gestellt, weil wir nicht über die Köpfe hinweg entscheiden wollten. Sie sollten sagen, was ihnen lieber ist: Stadtrand oder Stadtmitte?

Sie haben sich dann mehrheitlich für Schwabing entschieden. Und wir sind dabei, sie nach der Ausstattung und ihren Wünschen bezüglich der Arbeitsumgebung zu fragen. Wir holen natürlich auch die Meinung von Architekten und Experten ein, wichtig ist uns aber, diejenigen mitbestimmen zu lassen, die später in den neuen Arbeitsräumen tätig werden sollen.

Wichtig war uns auch zu erfahren, wie der jetzige Arbeitsplatz in München-Unterschleißheim eingeschätzt wird: Was war gut, was kann beibehalten werden? Und was müsste an einem neuen Standort eindeutig verbessert werden? Die Ergebnisse werden alle in die Planungen und in die Gestaltung des Neubaus in Schwabing mit einfließen.

Warum sollte dieses Wissen brachliegen? Wie gesagt, wir behandeln Mitarbeiter wie erwachsene Menschen, und dazu

gehört eben auch, sie zu fragen: Wie kann ein guter Arbeits-
raum aussehen? Die Teilhabe am Entscheidungsprozess ist ein
wesentlicher Aspekt des neuen Arbeitens – warum sollten die
Kollegen gerade bei so einer wichtigen Frage außen vor ge-
lassen werden?

Das Projekt Schwabing ist Teil des WPA (Workplace Advantage),
eines globalen Programms von Microsoft, das einen ganzheitlichen Blick auf die Menschen wirft, die in unserem Unternehmen arbeiten. Sie sollen ihren Fähigkeiten entsprechend
gefördert werden, damit sie ihr volles Potenzial realisieren können – und das an einem Arbeitsplatz, der dem neuen Arbeiten entspricht. Das dient auch unserer Glaubwürdigkeit. Wir
können unseren Kunden nicht empfehlen, neue Technologi-
en zu nutzen, sich unabhängiger von Ort und Zeit zu machen,
kollaborativ zu arbeiten – und dann selbst in einem dunklen
Verwaltungstrakt sitzen und akribisch Papiere sortieren.

Die meisten Mitarbeiter sind schneller da

Wir wollen und müssen genau das leben, was wir unseren
Kunden predigen: den Übergang in die Wissensgesellschaft.
Und die Wissensgesellschaft von heute ist geprägt vom Teilen,
Bearbeiten und Vermehren von Wissen. Daher sollte auch die
Office-Umgebung genau diese moderne Arbeitswelt wider-
spiegeln und ein Höchstmaß an Flexibilität und Zusammen-
arbeit ermöglichen. Es muss Rückzugsräume geben, wie es
Treffpunkte geben muss, wie auch auf Schallschutz und Licht
Rücksicht genommen werden sollte. Aber das Wichtigste
beim Neubau in Schwabing: Man kommt hin. Die neue Zent-
rale ist gut erreichbar.

Das war im Übrigen eines der ersten und nicht zuletzt
für den Standort auch entscheidendsten Ergebnisse der

Mitarbeiterbefragung. Zwei von drei Mitarbeitern profitieren nämlich von einer kürzeren Anreise zur Arbeit, wenn sie mit öffentlichen Verkehrsmitteln unterwegs sind. Die Lage mitten in der Stadt ist hochattraktiv für junge Talente und neue Mitarbeiter. Außerdem sind wir sichtbar, wir werden als Unternehmen in der Stadt und bei deren Besuchern eher wahrgenommen. Für ein Technologieunternehmen, das für viele Lebens- und Arbeitsbereiche der Menschen Lösungen entwickelt, nicht das Schlechteste.

Beim Bau orientieren wir uns neben den Befragungen der Mitarbeiter auch an den WPA-Empfehlungen, die mehr Orientierung als Vorgabe sind. Sie besagen, dass kein Arbeitsplatz dem anderen gleichen muss, sondern vielmehr auf die Bedürfnisse und Aufgaben des Einzelnen oder des jeweiligen Teams zugeschnitten sein sollten. Außerdem sollte eine kollaborative Umgebung geschaffen werden, also mit Konferenzräumen, Cafés, Lounges, Lobbys oder auch noch den berühmten Kaffeeküchen.

Nicht zuletzt sollte es naturgemäß ein Ort sein, an dem auch Microsoft-Technologien zum Einsatz kommen. Ein Ort, an dem gezeigt wird, wie man mit unseren Produkten arbeitet. Und natürlich ein Ort, an dem sich die Menschen, die dort arbeiten, bestmöglich einbringen können.

Ein bisschen Science-Fiction

Wir wollen in unserer künftigen deutschen Unternehmenszentrale auf 26.000 Quadratmetern über sieben Etagen ein Umfeld schaffen, in dem individuell und kooperativ gearbeitet werden kann. Bei der Planung und beim Bau wird Microsoft auch vom Fraunhofer-Institut für Arbeitswirtschaft und Organisation IAO unterstützt. Das IAO erforscht die Arbeitsumgebungen der

Zukunft und entwickelt Lösungen, wie diese Umgebungen aussehen könnten.

In den Versuchsräumen des Instituts in Stuttgart bekommt man eine Ahnung davon, wie das Arbeiten von morgen aussieht, was da alles auf uns zukommt. Dort sind Modellbüros mit Sensoren ausgestattet, die auf Sprachbefehle reagieren, beispielsweise ob es im Raum wärmer oder heller werden soll. An den Wänden prangen riesige Displays, auf denen Webseiten oder Präsentationen abrufbar sind. Man kann mit interaktiven Stifte hantieren, mit Datenbrillen oder lediglich mit Handbewegungen. 3-D-Animationen ermöglichen völlig neue Formen der Teamarbeit. Vieles wirkt wie Science-Fiction, doch die Richtung ist klar: Es wird flexibler – und es wird menschlicher.

Mit der »Postkarten-Romantik« des alten Büros hat das wenig zu tun. Hier wird konsequent weitergedacht, was viele schon leben: Für einen Großteil der heute zu leistenden Arbeit braucht man im Prinzip nur einen Internetzugang, mehr nicht. Was man noch braucht, sind Räumlichkeiten, in denen man sich mit anderen austauscht. Dafür betrachtet man nicht nur die Aufgaben der Mitarbeiter, sondern auch die unterschiedlichen Mitarbeitertypen. Ein Mensch aus der Marketingabteilung ist in der Regel kommunikativer als jemand aus der Buchhaltung. Hier folgt man jedoch nicht Klischees, sondern das sind Ergebnisse von Beobachtungen und Befragungen.

Generell ist das Ziel, Räume zu schaffen, in die Mitarbeiter gerne gehen. Wir bauen die neue Firmenzentrale daher auch mitten in der Stadt, nahe dem Englischen Garten. Wir gehen hinein ins Leben, die neue Zentrale ist gut erreichbar. Der Arbeitstag besteht nicht aus einem langen Ausflug zur Arbeit, um dort viele Stunden des Tages zu verbringen, sich in einem Großraumbüro zu wärmen, um abends wieder aufzubrechen, mit dem Auto im Stau oder in der überfüllten S-Bahn. Die neue Zentrale wird im Vergleich zur bisherigen vor allem auch kleiner, überschaubarer – und: Es wird nicht für alle einen Schreibtisch geben.

Wir praktizieren das sogenannte Shared-Desk-Prinzip: Mehrere Mitarbeiter teilen sich einen Tisch. Und das aus gutem Grund. Als »Organisatoren« von Büroarbeit stehen wir vor folgenden Fragen: Was muss man machen, damit Menschen ihren Büroarbeitsplatz lieben? Sollen sie ihren Arbeitsplatz überhaupt lieben? Müssen bei der Gestaltung von Büromöbeln Funktionalität und Ökonomie im Vordergrund stehen? Oder sollten auch emotionale Aspekte eine größere Rolle spielen?

Das Büro der Zukunft – oder Wie die Büroflucht gelingt

Wir verabschieden uns von dem Einstigen. Wir verabschieden uns nicht von der Arbeit. Und wir verabschieden uns schon gar nicht vom gemeinsamen Arbeiten. Aber der Abschied vom Büro, wie wir es bisher kannten, steht unmittelbar bevor.

»Wenn wir immer mehr in virtuellen Welten leben, brauchen wir einen Ausgleich des Digitalen im Realen mit Kollegen aus Fleisch und Blut«, sagt Wilhelm Bauer, Institutsleiter am Fraunhofer IAO. In der Zukunft würden, so Bauer, die Büros nicht mehr wie heute überwiegend Gebäude sein, in denen wir Daten bearbeiten. »E-Mails lesen und beantworten kann man in der Tat überall«, sagt Bauer. Büros würden künftig eher zu Kommunikationszentren für Besprechungen, mit weniger Schreibtischen und weniger Arbeitszimmern. Dafür finden sich mehr Sitzinseln mit bequemen Sesseln.

TEIL III | DIE ARBEIT NEU ERFINDEN

Welche Tätigkeiten stehen im Mittelpunkt? Was genau soll in diesem Bereich erledigt werden? Ist es think, meet, call oder act? Braucht man die Räume zum konzentrierten Arbeiten, zum Austausch, zum Handeln – oder gar als Ruheraum? Muss man dazu eventuell Hängematten installieren oder Liegen für ein kurzes Nickerchen am Mittag, den berühmten Power-Nap?

Der Austausch wird aller Wahrscheinlichkeit nach im Mittelpunkt stehen, ohne den wird es nicht gehen. Doch bei all dem technischen Fortschritt werden wir im Hinblick auf Kreativität vor allem gut ausgebildete Menschen brauchen, die dann in den neuen Besprechungsorten die Köpfe zusammenstecken. Oder mit anderen Worten: Wenn überhaupt, dann wird sehr viel Zeit vergehen, bis wir keinen Kaffee mehr gemeinsam trinken.

Wobei der klassische Arbeitsplatz ganz klar zur Disposition steht. Wenn unsere Mitarbeiter zunehmend von unterwegs oder zu Hause aus arbeiten, nimmt die Bedeutung des festen Arbeitsplatzes ab – gleichzeitig wird das Büro als Ort der Begegnung und Vernetzung immer wichtiger. Die neue Welt des Arbeitens ist vor allem eine Welt der Begegnung und des Austauschs. Denn Wissensarbeiter kommunizieren mehr als Informationsarbeiter, sie müssen mehr kommunizieren, mit mehr Leuten in Kontakt stehen, weil Wissensarbeit immer auch die Erweiterung des Wissens bedeutet. Aber wie sieht so etwas aus, wie sieht das optimale Büro für Wissensarbeiter aus?

Nicht mehr arbeiten wie die Legehennen

Wenn Wissensarbeiter in ein Unternehmen kommen, erwarten sie dort offene Strukturen. Manche sprechen bereits von offenen Office-Landschaften, die allerdings nicht mehr den Legehennenbatterien von einst entsprechen, sondern die Zusammenarbeit ermöglichen. Es gibt Untersuchungen, die belegen, dass sich Mitarbeiter durch die offenen Strukturen tatsächlich verbundener mit dem Unternehmen fühlen. Der rege Austausch, die intensive Kommunikation, das ist das Plus der neuen Arbeitsräume.

Mehr als vier Fünftel aller kreativen Ideen entstehen nicht in Entwicklungsabteilungen oder Einzelbüros, sondern durch ungeplante Kommunikation von Mitarbeitern. Und wenn die Einrichtung der Arbeitsplätze solchen Austausch fördert und die Räume dazu noch gut aussehen, ist das die beste Grundlage für zufriedene und produktive Mitarbeiter. Denn Mitarbeiter, die sich mit ihrem Arbeitgeber identifizieren können und sich im Unternehmen geborgen fühlen, haben generell eine höhere Arbeitsmoral, sind produktiver und arbeiten effizienter.

Daher sollte jeder die Möglichkeit haben zu arbeiten, wie er will. Entweder im Chaos oder am Clean Desk, also dem leeren Schreibtisch, der abends immer wieder aufgeräumt wird. Diese Clean-Desk-Policy hat so ihre Tücken, zeigt eine Studie der Universität Groningen. Die Forscher stellten fest, dass Menschen in chaotischen Umgebungen klarer dachten. Sie ließen Probanden unter anderem an einem überhäuften Schreibtisch arbeiten, und trotz des zugestellten Arbeitsplatzes kamen die Testpersonen zu kreativen und effizienteren Problemlösungen. Die Forscher schlossen daraus, dass Durcheinander den Menschen dazu zwingt, besser zu fokussieren und genauer zu denken. Eine Bürogestaltung, die eher funktional und spartanisch ist, kommt allerdings Menschen entgegen, die Probleme haben, sich zu konzentrieren.

Wer gerne Arbeit auf später verschiebt, lange braucht, um zur Sache zu kommen, und generell etwas unorganisiert ist oder ein schlechtes Zeitmanagement hat, der profitiert von einer Bürogestaltung, die keine Ablenkungen bietet und wirklich nur Arbeit zulässt. Das Ergebnis: Offene Strukturen bieten viele Möglichkeiten.

Man kann beispielsweise Räume für die Puristen schaffen, und ein paar Zimmer weiter befindet sich der Raum für die Chaoten. Das ist ja immer auch eng verknüpft mit den Aufgaben. Jemand, der in der Buchhaltung oder im Controlling arbeitet, ist unter Umständen dankbarer für Klarheit und Konzentration, während IT-Fachleute oder Kreative das nur für sie überschaubare Chaos schätzen. Die einen freuen sich über einen Kickertisch, die anderen profitieren von einer Leseecke, den einen reicht eine Kaffee-Corner mit Dart-Automat, die anderen brauchen noch einen Fußballplatz vor der Tür.

Da Mitarbeiter so verschieden sind wie die Arbeit, die sie ausführen, sollte es auch möglich sein, auf viele verschiedene Bedürfnisse Rücksicht zu nehmen. Das ist bisher nicht immer geschehen. Was zur Folge haben kann, dass immer mehr ihren Arbeitsort selbst wählen.

Die Büroflucht

»Bei einigen Unternehmen kann man bereits heute von einer regelrechten Büroflucht sprechen«, sagt Stefan Rief, Arbeitsforscher vom Fraunhofer IAO gegenüber der Wochenzeitung *DIE ZEIT*. Und als das Blatt von ihm wissen will, wohin die Menschen denn fliehen, antwortet Rief: »Das ist ganz verschieden. Die Leute wählen den Ort ihrer Arbeit immer stärker nach ihrem Lebenskontext aus. Sie bleiben für einen Tag in der Woche zu Hause oder verbringen vier Wochen bei ihren pflegebedürftigen Eltern auf dem Land oder gehen für ein halbes Jahr in ein Co-Working-Space, um ein Projekt voranzutreiben. Dank der neuen Kommunikationstechnologien ist alles möglich.«

Für Rief ist die Sache klar: Man muss seinen Mitarbeitern diese Möglichkeiten bieten. In manchen Branchen ist es heute schon schwierig, qualifiziertes Personal zu gewinnen. Deshalb sind neue Konzepte gefordert. Für die von Rief betreute IAO-Studie Forecast 2025 wurden zahlreiche Experten zur Zukunft der Arbeit befragt. »Zwei Drittel von ihnen sind der Ansicht, dass feste Unternehmensstrukturen in Zukunft aufbrechen werden – in allen Unternehmensbereichen. Die Arbeitszeitmodelle der Zukunft richten sich am individuellen Arbeitsrhythmus des Einzelnen aus«, sagt Rief.

Wenn Menschen wie Stefan Rief über das Büro der Zukunft sprechen, gerät alles auf den Prüfstand. »Wir kennen alle die sechs- bis achtgeschossigen Bürohäuser, und an der Verteilung der Etagen lässt sich die Hierarchie ablesen.« Ganz oben die Chefetage, es ist hell, und es gibt den besten Blick. Und je tiefer man geht, desto weniger Licht, desto weniger Ausblick, desto niedriger auch der Status der Mitarbeiter. Wenn man aber kollaborativ und verstärkt hierarchiefreier zusammenarbeiten will, sollten auch diese Etagenverteilungen aufgehoben werden. »Was spricht dagegen, einen Gemeinschaftsraum ganz oben anzulegen oder einen Ruheraum mit tollem Ausblick?«, sagt Rief.

Was man vermeiden sollte, ist jede Form von Gleichförmigkeit. Man kann kleinteilige Strukturen mit großen Freiflächen kombinieren, aber nur ein Großraum oder nur kleine Einzelbüros, das wird wohl nicht den Weg in die Zukunft weisen. Das Büro werde zwar noch ein wichtiger Ort zum Arbeiten sein. »Aber es wird mehr Abwechslung darin zu finden sein. Kleine und große Tische, offene und geschlossene Räume. Einzelzimmer, in denen ich in Ruhe arbeiten kann, und große Meeting-Räume mit allen digitalen Möglichkeiten. Wenn sich ein Mitarbeiter wohler fühlt und seine Kreativität besser entfalten kann, wird er auch effizienter und produktiver.«

Und dafür schaltet sich dann auch das Licht an, oder es wird gedimmt. »Wenn die Smartisierung der Gebäude weiter voranschreitet, ist ein Gebäude so steuerbar, dass es erkennt, wer von den Mitarbeitern eingetroffen ist, und ihm die gewünschte Atmosphäre schafft«, sagt Rief. Wärmeres Licht bei Mitarbeiterin X und etwas Abkühlung bei Mitarbeiter Y. Im Vordergrund stehe in guten Büros immer häufiger die Individualität. Und darauf müssen sich Arbeitgeber einstellen. Denn, so Rief: »Schlecht arbeiten kann ich überall.«

17. AMSTERDAM, WIEN, MADRID UND LISSABON

MICROSOFT LÄSST MITARBEITER ATMEN

Die Büros von Microsoft wandeln sich überall auf der Welt. Und bei den meisten neuen Offices fällt es sofort ins Auge: Sie sind sehr farbenfroh, sehr hell und sehr luftig. Es stockt einem nicht der Atem, sondern man bekommt sowohl im übertragenen als auch im eigentlichen Sinne Luft. Bei den neuen Büros, seien sie nun in Amsterdam oder in Madrid, gibt es keine festen Arbeitsplätze mehr, sondern Shared-Desks. Man nutzt den Tisch, der frei ist. Außerdem gibt es immer eine Vielzahl an anderen »Arbeitsstationen« wie Lounges, Cafés, Meeting-Räume, Relax-Möglichkeiten, Ruhe- und Rückzugsräume und großzügige Außenbereiche. Das fast schon territoriale Konzept des eigenen Schreibtischs und der »Besitzverhältnisse« im Office (eigenes Büro, Lage des Büros et cetera) ist in allen unseren neuen Offices abgeschafft.

In Amsterdam beispielsweise haben auch die Führungskräfte längst kein eigenes Büro mehr. In einer Weiterentwicklung des Shared-Desk-Prinzips setzt man in den Niederlanden sogar auf das Hot-Desk-Prinzip. Dabei werden neben Schreibtischen auch unkonventionelle Arbeitsplätze geboten, also Sofas oder Sitzecken. Da viele Mitarbeiter von Microsoft in den Niederlanden flexibel arbeiten, Home Office bevorzugen oder auch oftmals auf Terminen außerhalb des Office unterwegs sind, werden weniger physische Arbeitsplätze benötigt.

So kann sowohl in ökonomischer als auch in ökologischer Hinsicht effizienter gehaushaltet werden. Durch dieses Prinzip wurde auch mehr Platz in den einzelnen Bereichen (Fluren, Etagen) geschaffen. Und das führte dazu, dass sich die Mitarbeiter nicht eingeengt fühlen und auch im übertragenen Sinne auf den insgesamt 11.000 Quadratmetern wirklich freier arbeiten können.

Nachdem das neue Büro 2008 in Amsterdam umgesetzt wurde, zog man 2010 bei Microsoft in den Niederlanden eine erste Bilanz: Man hatte auf der einen Seite 30 Prozent Immobilienkosten eingespart und verzeichnete auf der anderen Seite eine angestiegene Produktivität. Außerdem habe man sein Renommee verbessert und sei auch attraktiv für neue Talente. Der Prozess des Umbaus habe allerdings nicht von heute auf morgen stattfinden können, sondern sei eher eine »zweijährige Reise« gewesen, auch mit vielen Proberunden und Fehlern (»journey of trial and error«).

Doch den Mitarbeitern wurden bei diesem Neugestaltungsprozess nicht einfach Veränderungen aufgezwungen, vielmehr wurden gewisse Veränderungen ausprobiert und das Feedback der Mitarbeiter anschließend in den Designprozess integriert.

Arbeiten in der Jagdhütte

Das Microsoft-Office in Wien wiederum gilt seit seiner Umgestaltung im Jahr 2012 als das bisher kreativste Büro von Microsoft. Es gibt Zimmer ganz aus Holz, es gibt eine Rutsche, ein Pflanzenwand – und einzelne Meeting-Räume sind nach Themen errichtet, beispielsweise »Jagdhütte« oder »Ozean«.

Auch in Madrid und Lissabon arbeiten Microsoft-Menschen in neuen, zum Teil ungewöhnlichen Büros. In Madrid wurden beispielsweise 3.000 der insgesamt 9.000 Quadratmeter »freigesetzt«, das heißt: Es wurden alle Schreibtische, die bislang darin gestanden hatten, hinausgetragen. Geblieben ist eine riesige Freifläche, in der mehr Platz vorhanden ist. Und in Lissabon hat man, um für Ruhe im Office zu sorgen, das Konzept »Telefonzelle« wieder belebt. In den neuen Zellen kann in Ruhe telefoniert werden, ohne dass jemand gestört wird. Gemeinsam haben alle Büros auch, dass sie nach ökologischen Gesichtspunkten umgebaut wurden. Sie sind ressourcensparend, umweltfreundlich – und wenn man sieht, wie sie angenommen werden, auch menschenfreundlich.

Die Zahlen, die man kennen muss

Mehr als vier Fünftel aller kreativen Ideen entstehen nicht in Entwicklungsabteilungen oder Einzelbüros, sondern durch ungeplante Kommunikation von Mitarbeitern. Büroarchitektur muss diesen Austausch, diese einfache, aber intensive Kommunikation fördern.

Der Satz, den man sich merken sollte

Die künftigen Office-Umgebungen sollten die moderne Arbeitswelt widerspiegeln und ein Höchstmaß an Flexibilität und Zusammenarbeit ermöglichen. Büros werden zu Kommunikationszentren, zu Orten der Begegnung und Vernetzung.

Das Zitat, das es auf den Punkt bringt

»Menschen verhalten sich entsprechend ihrer Umgebung.«
Birgit Gebhardt, Trendbüro

TECHNOLOGIE

18. ALS ICH NOCH AM FESTNETZ SASS
WARUM WIR UNS VON PAPIER (UND EIN PAAR ANDEREN DINGEN) VERABSCHIEDEN WERDEN UND WAS WIR STATTDESSEN NUTZEN

Im August 2014 feierten wir den fünfundzwanzigsten Geburtstag von Microsoft Office. Das war ein besonderer Tag, in vielerlei Hinsicht. Denn wir reden bei Office jetzt tatsächlich über genau das, was es vor zehn Jahren schon sein sollte – Produktivitätssteigerung für Wissensarbeiter. Und dies ist in die größere Debatte zur digitalen Transformation in Deutschland einzubetten. Symbolisch für den Wandel von Office sehen wir dabei vor allem die Entwicklung eines Holzprodukts, nämlich Papier.

Die erste Welle der PC-Revolution im Büro hat bestehende papierbasierte Prozesse, zumeist Verwaltungs- und Organisationprozesse, »digitalisiert«. Daher drehte sich Office auch im Wesentlichen um Papier: Mit Word macht man einen Brief, mit PowerPoint einen Foliensatz und mit Excel Rechenblätter. Selbst die E-Mail entspricht im Wesentlichen einer Postkarte oder einer Aktennotiz.

Mit dem fünfundzwanzigsten Geburtstag von Office wurde es offenbar: Der zentrale Bezugspunkt von Office ist nicht mehr Papier – es sind jetzt Personen und Wissen. Produktivität für Wissensarbeiter bemisst sich nicht mehr daran, wie viel Zeit ich brauche, um einen Brief zu schreiben. Der wesentliche Faktor bei der Wissensarbeit ist es vielmehr, neues Wissen zu erzeugen und dieses effektiv zu kommunizieren. Das heißt: in einem großen Netzwerk von Menschen den richtigen Input finden, diesen in den richtigen Kontext setzen, die richtigen

Schlüsse ziehen und kreative Ideen einbringen, und schließlich das neue Wissen an die richtigen Personen in einer Art weitergeben, dass es schnell und korrekt verstanden wird.

Wie das Papier haben uns zwei weitere Dinge in den vergangenen Jahren bei Microsoft nach und nach verlassen. Es sind zwei Dinge, die für eine Bürowelt stehen, die es so nicht mehr geben wird: das Festnetztelefon und der Drucker. Wir hatten auch bei Microsoft noch vor wenigen Jahren ganz selbstverständlich ein Telefon auf dem Tisch stehen. Und in unserem Büro stand, wie sagt man so schön: ein Abteilungsdrucker. Wir haben beiden Lebewohl gesagt.

Wir haben keine festen Telefone mehr, und gedruckt wird nahezu nichts mehr. Wir arbeiten mehr oder weniger papierlos. Lesen kann man bequem am großen Smartphone oder auf dem Tablet, und annotieren geht mit Stifteingabe auch bequem. Selbst die großen Flipcharts aus den Meeting-Räumen nutzen wir nur noch, wenn keine großen Touch-Display-Wände vorhanden sind. Nach dem Meeting fotografieren wir die Flipcharts mit unseren Smartphones – und entsorgen das beschriebene Papier.

Keiner denkt mehr an Drucken

Meine Arbeitsumgebung und meine Mobilität haben sich dadurch grundlegend verändert. Früher hatte ich Papierstapel auf und in meinem Schreibtisch, überall raschelte es, und wenn ich zu Hause arbeiten wollte, habe ich viel Papier mitgeschleppt oder bin ins Büro gefahren, weil ich größere Dokumente ausdrucken wollte. Ich glaube, ich kenne kaum noch jemanden bei uns, der auf den Gedanken käme, im Büro etwas auszudrucken.

Genauso fern wie das Hantieren mit Papier ist bei uns das Konzept eines festen Telefons. Wir haben mit der Einführung unserer eigenen softwarebasierten Telefonie-Lösung (Lync, früher noch »OCS«, und jetzt Skype for Business) schon ab 2008 angefangen, unsere Telefone sukzessive durch Headsets und Lync abzulösen. Lync ist mein Fenster zu meinen Kollegen, zu Kunden und Geschäftspartnern geworden. Ich habe dort mein Adressbuch, ich sehe den Status meiner Kontakte (sind sie gerade online, verfügbar oder beschäftigt oder in Urlaub, und wann kommen sie zurück beziehungsweise wer vertritt sie?) und kann mit einem Klick einen Anruf starten – ob auf das Handy oder das Headset am Computer, ist dabei beliebig auswählbar, es wird wenn gewünscht auch automatisch umgeleitet.

Auch der Unterschied zwischen einem normalen Telefonat und einer Telefonkonferenz mit mehreren Teilnehmern wirkt im Rückblick betrachtet künstlich: Wenn wir bei einem Telefongespräch merken, dass wir spontan noch eine weitere Person brauchen, holen wir sie mit einem Klick in Lync einfach zur Konferenz hinzu. Dass zu einem Kalendereintrag ganz natürlich auch ein Link für eine Telefonkonferenz dazugehört, ist mittlerweile Standard bei uns.

Wir wissen meist vorab gar nicht, wo alle Teilnehmer zum jeweiligen Zeitpunkt sind. Und wenn wir wirklich verpflichtend Präsenzmeetings ansetzen, wenn es notwendig ist, dass man sich mal wieder sieht, dass man sich vor Ort austauscht – denn physische menschliche Nähe ist auf Dauer unersetzbar –, schreiben wir es explizit in den Kalendereintrag hinein.

Der Mobilitätsgewinn, den mir diese beiden Veränderungen gebracht haben, ist immens. Hinzu kommen die neuen, extrem leistungsfähigen Smartphones mit großen Displays und langen Akkulaufzeiten, die es mir ermöglichen, meine

Arbeitswochen in einem Maße flexibel und gleichzeitig produktiv zu gestalten, wie ich es zu Beginn meiner Zeit bei Microsoft, also ungefähr vor neun Jahren, kaum für möglich gehalten hätte.

Der Abschied von Telefon und Drucker ist das eine. Weniger sichtbar, aber nicht weniger entscheidend haben auch die kleinen Veränderungen in unserer IT dazu beigetragen, mobil und sicher arbeiten zu können. Früher benötigten die meisten internen Tools und Anwendungen eine feste Verbindung in unser internes Firmennetz, zudem musste eine spezielle Anwendung auf meinem Firmen-PC installiert sein. Mittlerweile hat Microsoft IT den größten Teil unserer internen Tools auf sichere Cloud-Technologie (Azure, Dynamics CRM Online und Office 365) umgestellt.

Damit kann man nun auch vom heimischen Computer oder eben vom Smartphone auf Tools und Dokumente zugreifen. Abgesichert ist das mit Multifaktor-Authentifizierung, die ähnlich wie das mobile TAN-Verfahren beim Online-Banking einen hohen Sicherheitsstandard gewährleistet. Und mit modernen Betriebssystemen wie Windows 8 und jetzt neu Windows 10 brauche ich zum Einloggen nicht mehr immer wieder aufs Neue meine Smartcard in den PC oder in den Smartcard-Reader zu schieben, sondern kann virtuelle Smartcards mit Password oder Biometrie-Sicherung nutzen.

Was wir hier beschreiben, ist eine Veränderung für jeden einzelnen Mitarbeiter. Es sind technologische Voraussetzungen, die vor allem eine Sache entscheidend verbessert und ortsunabhängiger gemacht haben: die Kommunikation.

19. WIE IST DIE NEUE ARBEITSWELT?
SIE IST VERNETZTER
WARUM SOCIAL NETWORKS UNS BESSER ARBEITEN LASSEN

Außerhalb der Unternehmensgrenzen ist es längst alltäglich: Ein Großteil der Mitarbeiter hat sich in der digitalen Welt mit Freunden, ehemaligen Kollegen und Mitschülern vernetzt. Viele verfügen über Hunderte, ja Tausende von Kontakten, es sind gewaltige Netzwerke entstanden – und doch werden sie bisher meist privat genutzt. Jetzt gilt es, diese Netze auch für das Unternehmen zu nutzen beziehungsweise innerhalb des Unternehmens Netzwerke aufzubauen, um Fachkompetenz intern schneller zu vermitteln.

Wie wir gesehen haben, leiden viele Wissensarbeiter unter einem schleppenden Wissenstransfer innerhalb des Unternehmens, der in gewisser Weise anachronistisch ist. Heute ist globales Wissen in Sekundenschnelle abrufbar, nur in Unternehmen sitzen einzelne Abteilungen auf Wissen und Informationen, die sie nicht jedem zugänglich machen – unter anderem, weil nach wie vor strenge Hierarchien herrschen.

Wie hierarchiefrei ist die interne Kommunikation?

Grundlage der Vernetzung ist Kommunikation, eine offene Kommunikation, von oben nach unten, von unten nach oben. Doch die interne Kommunikation eines Unternehmens wird oft noch sehr restriktiv gehandhabt und ist meist strengen Hierarchien unterworfen. Meist ist es eine Einbahnstraßen-Kommunikation:»Die Unternehmensleitung informiert«, oder die

Kommunikationsabteilung schickt im Auftrag von und in Absprache mit der Leitung etwas herum, verweist auf einen Blog oder Ähnliches.

Häufiges Thema von Rundmails sind neben Erfolgsmeldungen auch Hinweise auf das Verhalten, beispielsweise bei Problemen, oder ganz generell wie sich das Unternehmen nach außen darstellt. Ergänzend werden in den Chefmails auch Ankündigungen gemacht, beispielsweise von Neubauten, Umstrukturierungen oder personellen Wechseln. Fakt ist: Es ist meistens eine Einbahnstraßen-Kommunikation.

Aus den sozialen Medien kennen wir die Kommentar-Funktion, mit der Leser ihre Meinung sagen, Querverweise aufzeigen, auf andere Artikel hinweisen oder ein Beispiel aus einer anderen Stadt posten. Das fällt alles unter den Begriff Wissen, auch wenn viele Postings eher humorvoll gedacht sind. Das ist in Unternehmen nicht so ausgeprägt. Man kann auch sagen: Es ist Wissen, das im Unternehmen verpufft. Neben der Einbahnstraßen-Kommunikation kommunizieren die einzelnen Abteilungen untereinander, meistens zu abteilungsspezifischen Problemen. Vermutlich hat sich das überlebt. Was Unternehmen brauchen, ist eher eine barrierefreie Kommunikation quer durch das Unternehmen.

Neue Dialogkultur

In Stockholm entsteht derzeit eine neue Forschungsstätte – das OpenLab, mitten in der Stadt. Die Stadtväter standen wie viele Städte auf der Welt vor ähnlichen Problemen: Wie meistern wir die zunehmende Mobilität oder die künftige Gesundheitsversorgung? Mit den bisherigen Mitteln schien es nicht zu gelingen, also erschufen sie das OpenLab. Dazu holten sie Experten und Wissenschaftler aus den wichtigsten Hochschulen oder Kunstakademien der Stadt zusammen, also auch

Soziologen, Mediziner oder Kunstprofessoren, und die sollen nun im neuen OpenLab gemeinsam an Lösungen arbeiten, ohne die bisherigen Fachgrenzen und Abschottungen.

Diese neue Institution steht für die Überwindung von Spezialistentum. Das sollte beispielgebend sein, auch für Unternehmen, die in einem ersten Schritt ihre Kommunikation über die Abteilungsgrenzen hinweg gestalten sollten. Kommunikation kann nicht top-down laufen. Kommunikation innerhalb eines Unternehmens sollte nicht Hierarchien unterworfen sein, nicht im Zeitalter der Vernetzung. Das Internet hat eine Dialogkultur etabliert, die auch für Unternehmen beispielgebend sein sollte. Die Kommunikation kann auf vielen Kanälen, auf vielen Medien stattfinden – und sie kann vor allem auf Augenhöhe stattfinden. Wenn wir vorher vom fremdbestimmten Arbeitsalltag gesprochen haben, ist das eine Möglichkeit, in Dialog zu treten: eben nicht nur Vorgaben erfüllen, sondern Vorgaben mitgestalten.

Was sollten wir bei der Arbeit von morgen vermeiden?

Wir sollten detaillierte Vorgaben der Arbeitsmethode vermeiden, die exakte Festlegung von Ort und Zeit der Arbeitsleistung, die extrem kleinteiligen Arbeitsaufgaben, eine Einbahnstraßen-Kommunikation und Vorgaben, deren Zusammenhang mit dem Unternehmensziel für den Mitarbeiter nicht zu erkennen sind – kurz, alles was den Methoden der Industrialisierung entspricht, sollten wir vermeiden, damit nicht aus einem industriellen Taylorismus ein digitaler Taylorismus wird. Dafür muss sich die Arbeitswelt an eine neue Zeit anpassen.

Oder wie es der ehemalige Personalvorstand der Telekom Thomas Sattelberger formuliert: »Wir müssen neben der technologischen auch eine soziale Digitalkompetenz entwickeln.« Und »sozial« fängt mit der Kommunikation an.

Mit Kollegen wie mit Kunden kommunizieren

Kommunikation ist vielfältig möglich, sie ist persönlicher, reaktionsschneller und interaktiver geworden. Und sie hat sich in der Außenkommunikation bewährt. Es ist längst Alltag, dass Unternehmen und Marken auf den sozialen Netzwerken kommunizieren. Im Dialog mit dem Kunden hört und liest man, was gefällt und was nicht, was sich der Kunde wünscht oder was er endlich loswerden will. Das bildet nicht selten die Basis für Kampagnen und zur besseren Markenpositionierung. Was von außen kommt, hat Einfluss auf Produkte, auf Marktforschung, es wird sehr sensibel behandelt, nicht zuletzt weil es die Möglichkeit bietet, kundenorientierter zu arbeiten.

Wenn das außen so gut funktioniert, wenn der Mehrwert ersichtlich ist, warum nicht auch intern eine neue Art des direkten und transparenten Miteinanders etablieren? Oder anders ausgedrückt: mit der Kommunikation Wissen schaffen, Know-how austauschen? Wissen ist nichts Exklusives, Wissen sollte selbstverständlich ausgetauscht werden. Denn auf dem Weg des Austauschs entsteht bereits wieder neues Wissen. Wenn das Vertrauen innerhalb eines Unternehmens vorhanden ist, ist die interne Kommunikation der Baustein, um Wissen aufzubauen.

20. NEUE TECHNOLOGIEN

WIE WIR WISSENSARBEIT MIT CLEVERER TECHNIK GUT UND ERFOLGREICH MACHEN

Was ist Wissensarbeit? In der Theorie ist Wissensarbeit: denken, kreativ sein, forschen, entwickeln, sich in sich selbst versenken, querdenken, neue Wege ausloten, interagieren, Innovationen vorbereiten. In der Praxis ist Wissensarbeit: Mails beantworten.

Wenn wir eine Tätigkeit mit Büroarbeit in Verbindung bringen, dann ist es das Schreiben von Mails. Oder das Lesen von Mails, das Beantworten von Mails, das Wegklicken von Mails. Weltweit wurden im Jahr 2014 insgesamt 196,3 Milliarden E-Mails versendet, 2018 sollen es bereits mehr als 227 Milliarden werden. Die Mail ist das Tool der Wissensarbeiter, sie hilft, dauerhaft in Kontakt zu stehen. Und sie hat auch dem guten, alten Telefon den Rang abgelaufen.

Obwohl es immer wieder Bestrebungen gab, die Mail abzuschaffen und die Kommunikation in soziale Netzwerke zu verlagern: Sie ist unverwüstlich. Und das hat einen einfachen Grund, denn sie hat sich bewährt. Sie ist extrem günstig, die Kosten gehen gegen Null, und es ist leicht und bequem, sich per Mail auszutauschen. Rund 30 Jahre nach ihrer Premiere scheint sie das konkurrenzlose Kommunikationsmittel zu sein – mit einer Adresse, die ein Leben lang gültig sein kann.

Doch sie hat ihre Tücken. Wir kennen den Blick auf die Inbox, die Hunderte von ungelesenen (und unbeantworteten) Mails. Das ständige Pling, wenn eine weitere Mail eingeht. 80 oder 100 Mails pro Tag sind keine Seltenheit, bei Führungskräften steigt die Zahl locker auf über 200. Eine kaum zu bewältigende Anzahl an Nachrichten. Da stellt sich die Frage: Ist die Mail eigentlich noch zeitgemäß? Können wir tatsächlich kreative Wissensarbeit ausüben, wenn wir uns in einem Dauermailverkehr befinden?

Ist die Mailflut noch zu stoppen?

In der Tat ist kaum eine andere Technologie so omnipräsent und gleichzeitig so in Verruf wie die E-Mail. Die »E-Mail-Flut« ist in aller Munde, und bei der Debatte um gewollte und ungewollte ständige Erreichbarkeit steht die E-Mail ganz vorne im Kreuzfeuer. Die aktionistischen Versuche einiger Unternehmen, durch abendliche Abschaltung der E-Mail-Zustellung Herr der Lage zu werden, sind eher Symptom als Lösung.

Fangen wir so an: Die E-Mail war ursprünglich nichts anderes als die nahezu Eins-zu-eins-Übertragung des klassischen Briefs oder der klassischen Postkarte in die digitale Welt. Eine Mail hat einen Empfänger, eine Titelzeile, einen Textkörper, einen Absender und einen Poststempel, mehr nicht. Später kamen dann noch die sogenannten Anhänge dazu, also die Möglichkeit, Unterlagen, Fotos oder Sonstiges hinzufügen, wie man etwas in einem Briefumschlag hinzufügt. Selbst das Feld CC: kommt noch eins zu eins aus der analogen Briefwelt und heißt nichts weiter als »Carbon Copy«, also die Erstellung einer Durchschlagskopie des Briefs für einen weiteren Empfänger zur Information oder zur Kenntnisnahme.

Der fundamentale Unterschied zum Brief sind die Transaktionskosten und die Laufzeiten: Eine Mail hat Grenzkosten von Null, und die Laufzeiten sind auch quasi Null, egal wie groß die Entfernung zwischen Sender und Empfänger ist oder wie viele Kopien auch anzufertigen sind. Das heißt: Ein bestehendes

Kommunikationsbedürfnis wird per E-Mail weder von Kosten noch von Laufzeiten in irgendeiner Weise eingeschränkt oder reglementiert.

Damit werden ganz natürlich die Zeit und Aufmerksamkeit des Empfängers zur knappen und bestimmenden Ressource in der E-Mail-Kommunikation und nicht mehr die Ressourcen des Senders. Die wahrgenommene und reale E-Mail-Flut ist eine Überlagerung von zwei Entwicklungen: 1. ein real stark gestiegener Kommunikationsbedarf und 2. unnötige Kommunikation aufgrund von unsachgemäßem Einsatz von E-Mails, sprich: Spam.

Der zweite Punkt lässt sich leicht zusammenfassen unter den Stichpunkten »böswilliges Spam« und »CC-Krankheit« (sprich Angst- und Absicherungsneurose). Böswilliges Spam ist ein mittlerweile gut bekanntes und für die meisten E-Mail-Nutzer weitgehend eingedämmtes Phänomen, wenngleich erheblicher unnötiger Internet-Traffic dadurch entsteht. Die »CC-Krankheit« ist in vielen Unternehmen jedoch noch weit verbreitet. Immer noch sichern sich viele Menschen bei Meinungsäußerungen und Entscheidungen breit ab, indem die betreffenden E-Mails an immer größere Verteiler geschickt werden, Motto: »Ihr habt ja alle Bescheid gewusst.«

Der wirklich interessante Punkt ist allerdings der erste. Es ist nicht so, dass wir einander einfach nur mehr E-Mails schreiben, weil die E-Mail so schön einfach geht. Vielmehr haben sich die Unternehmen in den letzten vierzig Jahren zu deutlich komplexeren Netzwerken entwickelt, in denen viel mehr Personen miteinander kommunizieren können und müssen, als das früher in den strikt hierarchisch abgeschotteten Strukturen der Fall war. Der rapide Anstieg des Kommunikationsaufkommens gerade bei Führungskräften wird in einer Studie von Bain aus dem Jahre 2014 sehr deutlich beschrieben. Das Problem, sich mit einem überwältigenden Kommunikationsaufkommen konfrontiert zu sehen, ist historisch nicht neu. Führungskräfte waren schon immer Ziel vieler »Kommunikationsvorstöße«. Doch es gab eine Lösung, und die hieß: Vorzimmer oder Vorstandsassistenz.

Was kann ein digitaler Assistent?

Heute ist aber die Masse der Mitarbeiter oder eben Wissensarbeiter in einer ähnlichen Situation, nur eben ohne eigenes Vorzimmer. Und genau das ist das Problem: Wie kann der hohe, real existierende und stetig weiter wachsende und sich beschleunigende Kommunikationsbedarf sinnvoll bewältigt werden, ohne dass jeder ein eigenes Vorzimmer oder eine Assistenz hat?

Die Antwort kann sich nur in Technologie und Innovation finden. Denn wenn wir schon nicht für jeden Wissensarbeiter ein menschliches Vorzimmer schaffen können, dann zumindest ein digitales. Wir brauchen einen digitalen Assistenten, der uns hilft, das Kommunikationsaufkommen in unserem Sinne vorzusortieren, zu filtern und zu organisieren.

Dazu braucht dieser neue, digitale Assistent ein tiefes Verständnis unseres jeweiligen Kontexts. Welche Themen sind mir gerade wichtig, an welchen Projekten arbeite ich, welche Personen sind mir wichtig? Auch ein tiefes Verständnis der Vertrauenswürdigkeit und des Kontexts des Absenders ist unerlässlich. Wie wichtig ist eine Nachricht von Person X wirklich, wenn sie als »wichtig« gekennzeichnet ist? Worum geht es in der E-Mail? Ist es eine Aufgabe für mich oder eine Information? Wie dringend ist es? Auf welches Projekt bezieht es sich eigentlich? Kann die E-Mail direkt an jemanden aus meinem Team weitergeleitet werden?

Clutter und Graph

Mit den heute und in sehr naher Zukunft verfügbaren Technologien ist ein solches Verständnis von Kontext und Vertrauenswürdigkeit tatsächlich für einen digitalen Assistenten möglich. Bei Microsoft gehen wir derzeit erste Schritte mit Clutter oder dem Office Graph, gerade Graph ist für uns von immenser Bedeutung. Künftig werden wir nicht nur von Word, Excel oder PowerPoint reden – Office Graph wird für Unternehmen ein nicht mehr wegzudenkendes Instrument in der täglichen Arbeit und die Zukunft für den Wissensarbeiter sein. Wir befreien Office aus dem Büro, machen aus Ordnern Inhalte und verhelfen Unternehmen zu tiefen Einsichten. Office lässt vernetztes Leben und Arbeiten Realität werden. Heute konkurrieren immer mehr Geräte und immer mehr Daten um das knappste Gut, das wir Menschen haben: unsere Zeit.

Deshalb müssen wir uns von einer Welt verabschieden, in der uns Zeit und Ort diktieren, wie wir arbeiten. Stattdessen brauchen wir Technologien, die uns Produktivität und Kreativität an jedem Ort, auf jedem Gerät und zu jeder Zeit ermöglichen. Arbeit kann endlich dort stattfinden, wo die Menschen sind. Und damit wächst die Notwendigkeit integrierter Kommunikationslösungen, die Mitarbeiter über alle Kanäle und von allen Orten mit ihren Teams und Kollegen vernetzen.

Unternehmen müssen neben dem guten alten Telefon immer mehr Smartphones und Tablets sowie Tools für Video-Conferencing, Chat, Messaging und Gruppenfunktionen in ihre Kommunikationslandschaft einbinden. Aber die gute, alte E-Mail, die bleibt. Sie ist nach unserer tiefsten Überzeugung nicht tot, sondern wird im Gegenteil gerade neu erfunden und steht vor einer zweiten großen Welle: mit intelligenten digitalen Assistenten, die mich durch meine komplexe E-Mail-Flut sicher hindurchnavigieren.

Als Merlin und Clippy noch halfen

Intelligente Assistenten begleiten mich schon eine Weile durchs Leben. Ich (Thorsten Hübschen) war ja damals an meiner Universität Assistent in unserem IT-Bereich und hatte meine eigene kleine Windows-NT-Serverfarm aufgebaut. Ich spielte mit neuen Technologien von Microsoft herum, die ich über die Hochschulpartnerschaft mit Microsoft kostenfrei bekam. Das gab es damals in Form eines MSDN-Universal-Abos, und es war immer ein Gefühl wie Weihnachten, wenn die neue Quartalslieferung der Software-CDs eintrudelte.

Ja, es waren tatsächlich noch große Ringbücher voller CDs. Neu in der Office-Software war damals auch »Clippy« (auf Deutsch Karl Klammer). Die kleine, sympathische Assistenz auf dem Bildschirm sollte einem bei der täglichen Arbeit mit Office behilflich sein. Clippy erinnerte einen beispielsweise regelmäßig daran, dass man seine Dokumente speichern sollte. Aber es gab nicht nur Clippy. Es gab auch den roten Ball, die schnurrende Katze und den Zauberer Merlin mit seinem sternenbestickten blauen Umhang und dem Zauberstab. Mich hat diese »menschliche« Interaktion mit einem sympathischen Gegenüber damals wirklich fasziniert.

Es war mir zwar klar, dass weder die damalige Hardware noch die Softwaretechnologie weit genug waren, um einen wirklich nutzbringenden intelligenten Assistenten auf den Bildschirm zu zaubern. Aber schon mit den wenigen Möglichkeiten von Merlin merkte ich, dass diese Technologie etwas verändern kann. Es machte einfach Spaß, mit Merlin zu kommunizieren und nicht in irgendwelchen unpersönlichen Menüs zu klicken.

Heute sind die Technologien so weit fortgeschritten, dass intelligente Assistenten wie Cortana einen wirklichen Nutzen bringen und tatsächliche Aufgaben abnehmen können. Aber natürlich haben wir bei unseren technologischen Fortschritten vor allem auch die Wissensarbeiter im Blick und die Frage, wie wir deren Produktivität steigern. Wissensarbeiter brauchen vor allem Technologien zum Denken, zum Kommunizieren und zur Zusammenarbeit.

Werkzeuge zum Denken

Heutige Technologien können Wissensarbeitern beim Denken helfen. Jeder kennt mittlerweile die Synonym-Funktion (Thesaurus) in Word, die einem bei der Suche nach einem passenden Wort hilft und dabei oft auch neue Ideen oder Aspekte liefert. Der Thesaurus überbrückt dabei unsere Denklücke zwischen aktivem und passivem Wortschatz auf eine ganz natürliche und intuitive Weise.

Auf ähnliche Art kann Technologie bei vielfältigen Denk- und Kreativprozessen den Menschen bei der Wissensarbeit unterstützen. Man denke an CAD-Lösungen, die das räumliche Vorstellungsvermögen eines Architekten oder Ingenieurs um ein Vielfaches erweitern. Oder auch an die bildgebenden Verfahren in der Medizintechnik, welche die Ärzte in ihrer Diagnosetätigkeit und bei der OP-Vorbereitung unterstützen. Oder an die Simulationsverfahren, die es Forschern ermöglichen, komplexe Annahmen über das Verhalten von Systemen zu überprüfen.

Die Visualisierung, also die Erweiterung unserer Sinne, die Modellierung von Dingen (seien es Werkstücke oder Kunstwerke) und die Simulation künstlicher Systeme und Welten, sind Kernfunktionen von Technologien für Wissensarbeiter. Hier wird der Bildschirm zur Projektionsfläche des Geistes, auf der Gedanken externalisiert und expliziert werden. Um zu Wissen zu kommen, müssen Menschen Dinge »begreifen« – und das können sie heute mit dem Computer, der Visualisierung, Modellierung und Simulation in ganz neue Dimensionen bringt. Alles zusammengenommen ist es eine zutiefst menschliche Unterstützung der Denkprozesse von Wissensarbeitern.

Werkzeuge zum Kommunizieren

Die technologische Revolution des Informationszeitalters hat Wissensarbeitern wie gezeigt auch zahlreiche Werkzeuge zur Kommunikation gebracht. Immer wieder wurden mit neuen Technologien neue Formen von Kommunikation ermöglicht, jedes Mal rückten Menschen näher zusammen, wo vormals noch Mauern aus Raum, Zeit oder Kosten zwischen ihnen standen.

Die Erfindung des Telegrafen hat die Geschwindigkeit von Kommunikation über große Entfernungen auf nahezu Lichtgeschwindigkeit, auf quasi unendlich erhöht. Die Einführung des Rundfunks hat Massenkommunikation ermöglicht. Das Telefon hat Kommunikation privat und persönlich gemacht. Das Satellitennetz hat Kommunikation globalisiert. Das Internet hat das Teilen von Inhalten (also Peer-to-Peer-Kommunikation) für alle möglich gemacht, und das Mobiltelefon schließlich hat Kommunikation mobil und ortsunabhängig gemacht.

Die zukünftigen Technologien für Wissensarbeiter setzen diese Entwicklung fort und werden immer weitere Kommunikationsbarrieren niederreißen. So erweitert die Videokommunikation die Sprachkommunikation und fügt über die zusätzlichen Sinneseindrücke neue Kontextinformationen hinzu. Virtuelle Meeting-Räume mit 3-D- Avataren simulieren das Gefühl, in einem Meeting mit anderen Personen tatsächlich präsent zu sein. Holographietechnologie wie die von Microsoft angekündigte HoloLens-Brille verbindet reale und virtuelle Räume und Objekte. Automatische Sprachübersetzungssysteme wie der neue Skype Translator erlauben die verbale Kommunikation zwischen zwei Menschen in verschiedenen Sprachen.

Werkzeuge zum Zusammenarbeiten

Wissensarbeit findet fast immer in Zusammenarbeit mit mehreren Menschen statt, ob in festen Teams oder losen Gruppen. Zu Organisation dieser Zusammenarbeit sind fortschrittliche Technologien unabdingbar, angefangen beim Austausch der gemeinsamen Arbeitsergebnisse über die gemeinsame Planung von Arbeitsschritten bis hin zur Dokumentation und Abstimmung von Entscheidungen und Besprechungen. Wo früher Gantt-Charts und Projektplanungstools große Teams gesteuert haben, werden für die komplexeren und dynamischeren Wissensarbeiterteams neue Werkzeuge gebraucht. Die große Innovationswelle der Social-Enterprise-Werkzeuge wurde gerade von dem Bedarf nach neuen Wegen der Zusammenarbeit in agilen Teams befeuert.

Wie müssen Werkzeuge für Wissensarbeiter aussehen?

Der berühmte britische Designer Terence Conran sagt: »Ich habe noch nie ein hässliches Handwerkszeug gesehen. Es ist ein perfektes Beispiel dafür, wie Form und Funktion zusammenkommen, um etwas hervorzubringen, das nicht nur funktioniert sondern auch ästhetisch schön ist.« Die innere Verbindung von Nutzwert und Ästhetik, das »form follows function« gilt in besonderem Maße für die Werkzeuge von Wissensarbeitern.

In der Anfangsphase der IT-Technologien war man noch daran gewöhnt, dass man die Computer »bedienen« musste. Die zukünftige Technologie für Wissensarbeiter wird aber im Gegenteil immer mehr natürlich, intuitiv und nahtlos ihren Benutzern dienen. Die gewohnte Technik in Form von Kabeln, Lüftern, großen Kisten mit blinkenden Lampen wird mehr und mehr verschwinden und unsichtbar werden. Mit Gestensteuerung bedienbare, in Wände und Tische eingelassene Bildschirme werden schon bald die Realität im Alltag der Wissensarbeiter prägen.

Und das Wichtigste: Das »Warten« auf Technologie sollte dem Ende entgegengehen. Technologie soll sofort auf den Dialog mit dem Benutzer reagieren und nicht künstliche Wartezeiten (zum Beispiel »Booten« eines Rechners) erzeugen.

21. FERN UND TROTZDEM NAH
WIE WIR MIT UNSEREN GLOBALEN PEERS
KOMMUNIZIEREN

Wir beide arbeiten bei Microsoft in einem großen Netzwerk von Menschen, mit denen wir engen Kontakt pflegen müssen. Allerdings können wir sie nicht dauernd persönlich sehen. Wir müssen uns in unseren Positionen zum Teil mit den anderen weltweit zwölf großen Niederlassungen und Regionen von Microsoft über unsere jeweiligen Märkte und Strategien austauschen. Persönlich treffen wir unsere Kollegen in den anderen Regionen vielleicht drei- bis viermal im Jahr, also alle an einem Ort, physisch anwesend. Das aber ist viel zu wenig, um einen Austausch und ein Vertrauensverhältnis auf dem Niveau herzustellen, wie wir es für die gemeinsamen Ziele benötigen.

Die Lösungen sind Yammer und Skype. Yammer ist unsere Social-Enterprise-Plattform, die genau diese Lücke schließt. Yammer ist als klassisches Microblogging-Tool gestartet, das man bequem mit jedem Gerät nutzen kann. Wir lesen fast täglich die Kommentare, Anregungen, Fragen und Ideen der Kollegen in unserem weltweiten Team und »sehen« uns, zumindest auf unseren Profilfotos, damit quasi dauernd. So bekommen wir mit, was die anderen so machen, und helfen uns gegenseitig.

Allein der recht banale Faktor, dass wir gegenseitig unseren Online-Status in Skype sehen, stellt eine menschliche Nähe her, und manchmal pinged man sich kurz an, wenn man sieht, dass ein Kollege spätabends arbeitet, und fragt, ob man helfen kann oder einfach wie es ihm geht. Wenn wir uns dann nach einigen Monaten wiedersehen, sind die Treffen tatsächlich geprägt von einem fast überraschenden Maß von Vertrauen, Nähe und Freundschaftlichkeit.

Ein weltweit agierender Konzern wie das Möbelhaus IKEA nutzt im Übrigen ebenfalls Yammer. Von den insgesamt 135.000 IKEA-Mitarbeitern in mehr als 40 Ländern sind bereits 28.000 mit Yammer vernetzt. Der Dienst hat sich aber nicht nur beim Austausch der Mitarbeiter untereinander, sondern auch auf dem Gebiet der Produktentwicklung bewährt. So kann jeder Mitarbeiter, egal wo auf der Welt, über Yammer neue Produkte vorschlagen oder Ideen einreichen, wie ein bestehendes Produkt verbessert werden kann. Die Ideen werden direkt an das Produktentwicklungsteam in Schweden geleitet.

Das Team als Yammer-Gruppe

Doch nicht nur bei weltweit agierenden Teams ist das dauerhafte Herstellen von menschlicher Nähe fundamental wichtig. Uns ist wichtig, dass wir jeden Menschen in unseren Teams kennen – auch wenn wir sie nicht direkt geführt haben. Der Wille, möglichst von allen einen Eindruck zu haben, muss natürlich gegeben sein. Und wenn wir Mitarbeitergespräche führen, wollen wir immer auch eine eigene Meinung von den jeweiligen Menschen haben und nicht nur auf Namenslisten und Zahlen schauen.

Keiner kann dauernd mit einer hohen Anzahl an Mitarbeitern in Kontakt stehen, das wäre logistisch kaum machbar. Es ist uns wichtig, dass wir mit den Teams unserer jeweiligen Yammer-Gruppe einen regen Austausch haben. Ohne solche Social-Technologien wäre das bei den zum Teil über ganz Deutschland verteilten Teams nicht möglich. Vermutlich ist es die einzige Möglichkeit, heute effektiv ein Team zu führen, das verteilt über ein Land, einen Kontinent oder gar weltweit agiert. Das stellt natürlich ein bisher gern genutztes Kommunikationsmittel auf die Probe.

Wir haben jetzt beschrieben, wie sich das Zusammenspiel Mensch, Ort und Technologie, in Unternehmen erfolgreich umsetzen lässt und welche positiven Auswirkungen dieser Dreiklang für die Führung und die Arbeit jedes Einzelnen haben kann. Wichtig ist dabei, dass man immer alle drei Aspekte im Blick hat – und wichtig ist uns, dass wir die Trias nicht auf Unternehmen beschränken wollen. In Zeiten der digitalen Revolution sehen wir in Mensch, Ort und Technologie einen entscheidenden Beitrag für eine harmonische Umgestaltung von Arbeit. Denn das Thema Arbeit beschränkt sich heute nicht auf Unternehmen, sondern hat Einfluss auf die gesamte Lebenswelt, nicht zuletzt auf die Organisation von Familie.

Die Zahlen, die man kennen muss

McKinsey: Wissensarbeiter verbringen 61 Prozent ihrer Zeit damit, E-Mails zu beantworten, Informationen zu suchen und sich intern abzustimmen. Nur 39 Prozent der Zeit bleiben dann noch für die eigentliche Arbeit.

Der Satz, den man sich merken sollte

Was Unternehmen brauchen, ist eine barriere- und hierarchiefreie Kommunikation quer durch das Unternehmen. Wir müssen Technologien nutzen, die uns Produktivität und Kreativität an jedem Ort, auf jedem Gerät und zu jeder Zeit ermöglichen.

Das Zitat, das es auf den Punkt bringt

»Wir müssen neben der technologischen auch eine soziale Digitalkompetenz entwickeln.«
Thomas Sattelberger, ehemaliger Personalvorstand der Telekom

TEIL IV

EIN DIGITALES BÜNDNIS FÜR ARBEIT IN DEUTSCHLAND

22. ARBEIT UND DIGITALISIERUNG
Was muss geschehen, damit aus dieser Kombination etwas Erfolgreiches entsteht?

»Kreativität ist eine Stärke der britischen Wirtschaft!« Deshalb werde man »vor allem die digitale Bildung ausbauen, um Kreativität und Innovationskraft weiter zu stärken«. Das ist ein Auszug aus einem Aufruf des britischen House of Lords vom Februar 2015. Mit dieser angedachten Agenda soll die Grundlage für die weitere Digitalisierung der britischen Gesellschaft geschaffen werden. Dabei geht es eben nicht nur um den Ausbau von Breitbandnetzen, sondern auch um den Einfluss des Digitalen auf Bildung und Leben allgemein.

Dahinter steckt nicht zuletzt die Sorge der Politik, in diesem wichtigen Bereich den Anschluss zu verlieren, so heißt es in der Agenda: »Digitale Unternehmen können sich überall in der Welt niederlassen, und wenn wir es versäumen, Bedingungen dafür zu schaffen, dass diese Branche auch in Großbritannien gedeiht, sind wir dabei, einen wichtigen Wettbewerbsvorteil zu verspielen.«

Es ist Aufgabe der Politik, genau jetzt der Digitalisierung den Weg zu bereiten. In Großbritannien, in Europa, in der ganzen Welt, natürlich auch in Deutschland. Denn die gesellschaftlichen Folgen der Digitalisierung der Arbeit sind heutzutage in der Tat kaum absehbar. Deshalb hat die deutsche Bundesregierung, vergleichbar mit dem Ansinnen der britischen Lords, bereits im August 2014 eine Digitale Agenda vorgelegt, die vor allem auch neue Formen der Arbeit austarieren soll.

In der Digitalen Agenda 2014–2017 der Bundesregierung heißt es:»Wir wollen die Chancen digital unterstützter, örtlich und zeitlich flexibler Arbeitsformen für die Stärkung der partnerschaftlichen Vereinbarkeit von Familie und Beruf nutzen. Dafür werden wir gemeinsam mit Sozialpartnern und Wissenschaft eine fundierte Beurteilung der aktuellen Situation vornehmen und prüfen, ob die politischen Rahmenbedingungen für das Ziel, mehr Familien eine bessere Vereinbarkeit zu ermöglichen, noch geeignet sind und welcher weitere Forschungs- und Handlungsbedarf besteht.«

Das Bundesministerium für Familie, Senioren, Frauen und Jugend (BMFSFJ), das in einem breit aufgestellten Workshop die Digitalisierung und ihre Auswirkungen für die Vereinbarkeit von Familie und Beruf debattierte, hatte bereits im Herbst 2014 darauf hingewiesen, wo besonderer Handlungsbedarf besteht, und die Frage aufgeworfen, wer eigentlich Gewinner oder Verlierer der Digitalisierung sein werde.

Diese Frage ist a priori kaum zu beantworten, dafür ist die Entwicklung zu schnell und unberechenbar. Was heute noch als sicher gilt, kann morgen unter immensem Druck stehen. Man sei sich jedoch sicher, dass die Digitalisierung die Arbeitswelt in vier Dimensionen teilt: Ort, Zeit, Tätigkeit und institutionelle Einordnung.

Zum einen fordert das ortsunabhängige Arbeiten die »Führung aus Distanz«. Außerdem stelle das »Management der Ungleichzeitigkeit« Betriebe und Mitarbeiter vor neue Herausforderungen. Und durch die gewandelte »Präsenzorientierung« erhalten andere Beschäftigungsformen wie Jobsharing oder Leiharbeit durch die Digitalisierung neue Dimensionen. Nicht zuletzt wandle sich durch die Digitalisierung auch das

Verständnis von Betrieb sowie Betriebszugehörigkeiten und Identifikationsmuster.

Menschen nichts mehr vormachen

Das sagt auch: Wir brauchen eine noch stärkere Debatte über die Digitalisierung der Arbeit. Denn sie verändert unser Leben und Arbeiten. Es gibt nicht mehr das Leben und die Arbeit – und auch in Unternehmen wird man sich weiter von strikten Trennungen verabschieden. Wenn Harvard-Professoren beginnen, ihre Vorlesungen jedem zugänglich zu machen, wenn Patienten sich vor dem Arztbesuch Rat aus ihrem Netzwerk einholen, dann ist Wissen keine exklusive Veranstaltung mehr. Wenn althergebrachte Wissensstrukturen bröckeln, wenn Kooperationen in immer mehr und immer größeren Netzwerken gelingen, sind die Bedingungen dafür geschaffen, dass sich Menschen einbringen, dass sie mitreden können – und dass man ihnen nichts vormacht.

Genau diese Form der Partizipation der einzelnen Mitarbeiter ist auch für Unternehmen in Deutschland erstrebenswert. Wissen muss zugänglich gemacht werden, die Organisation von Arbeit muss endlich den Sprung ins 21. Jahrhundert schaffen. Denn an der Teilhabe von Wissen innerhalb von Unternehmen hängt nicht zuletzt auch die Wettbewerbsfähigkeit der Unternehmen, ja des ganzen Landes.

Diese Form der Partizipation jedes einzelnen Mitarbeiters ist allerdings eng verknüpft mit der Digitalisierung, deren Chancen immer noch nicht überall erkannt werden. Damit die Chancen für Arbeit und Wettbewerbsfähigkeit in den Köpfen des Landes verankert werden, fordern wir ein digitales Bündnis für Arbeit in Deutschland.

Die wichtigsten Branchen in Deutschland sind nach wie vor der Maschinenbau, die Automobilproduktion und die Chemie. In der Informationstechnologie oder Biotechnologie sind andere Länder weit voraus, allen voran die USA. Womit wir uns in unseren Branchen oft beschäftigen, sind Optimierungen und Rationalisierungen. Innovationen auf zukunftsrelevanten Feldern finden zwar auch, aber noch zu wenig statt, Innovationen im Arbeitsleben werden noch sehr vorsichtig und nicht im Sinne der Menschen umgesetzt. Oder wie Ex-Telekom-Vorstand Thomas Sattelberger sagte: »Wir laufen Gefahr, Arbeitswelten zu schaffen, die nur von Ingenieuren und Informatikern geplant sind.«

Doch wie sieht die Zukunft aus? Wie werden Wissenstransfers heute organisiert? Wir haben Generationen gesehen, die sich von Kunden entfremdet und von Innovationen entfernt haben. Das digitale Business hat dagegen Start-ups gegründet und soziale Netzwerke in Unternehmen eingeführt. Und doch liegt das Silicon Valley von Deutschland aus gesehen immer noch fern.

Wir denken nicht, dass wir einfach das Valley nachbauen sollten, sondern wir müssen unsere eigenen Akzente setzen und können dies auch. Zudem arbeiten die wenigsten von uns heute in wirklichen Netzwerkstrukturen. Wir halten es jedoch nicht für ausgeschlossen, dass uns das vernetzte Arbeiten in eine neue Zeitrechnung bringt, die uns von den Maschinen und Prozessen wieder zu den Menschen führt.

Heute Handys, morgen Energie

Fakt ist: Deutschland spielt auf dem Feld der Digitalisierung alles andere als ein glänzende Rolle. Das *manager magazin* schlug Anfang 2015 bereits Alarm und kam zu dem Ergebnis:

»Die Zahlen sehen eher trist aus.« Staat und Wirtschaft würden zu wenig in die digitale Infrastruktur investieren, die geplanten 10 Milliarden von 2016 bis 2018 würden kaum ausreichen. Doch es sind nicht nur mangelnde Investitionen, man erkenne auch generell das Potenzial des vernetzten Denkens hier zu Lande nicht. Jeder bleibt gerne für sich und tüftelt vor sich hin.

Was uns einst groß gemacht hat (nämlich das Tüfteln), wird vermutlich nicht mehr ausreichen in einer global vernetzten Welt, die nicht mehr nach Hierarchien und Traditionen aufgebaut ist, sondern am ehesten mit dem Begriff Durchlässigkeit charakterisiert werden kann. Die Beispiele dafür können wir jeden Tag lesen: Wer heute eine Suchmaschine verantwortet, will morgen vielleicht Autos bauen. Wer gestern noch Handys baute, engagiert sich morgen unter Umständen in der Energieversorgung. Nichts ist undenkbar – und deshalb gefährlich für den Industriestandort Deutschland nach alten Mustern.

»Echte Plattformstrategien drohen am deutschen Silo-Denken zu scheitern«, urteilt das *manager magazin* und zitiert Kanzleramtsminister Peter Altmaier (CDU): »Die Tendenz zur Abschottung gefährdet die Wettbewerbsfähigkeit des Landes.« Vor allem der Mittelstand, die Säule der deutschen Wirtschaft, tut sich offenbar schwer mit der digitalen Revolution. Für viele Mittelständler sei die Digitalisierung erst ein Thema für die »übernächste Generation«, sagte der heutige Telekom-Vorstand und unser einstiger Chef Christian Illek.

Ins Bild passt die Einschätzung der Analysten des Beratungsunternehmen Gartner, die den IT-Verantwortlichen in deutschen Unternehmen, also den CIOs, im internationalen Vergleich in einer bestimmten Hinsicht kein gutes Zeugnis ausstellen. Gartner beschreibt die CIOs in der Studie »2015

CIO Agenda: A Germany Perspective« als konservativ, kosten-fixiert und kontaktarm, jedenfalls was die Kontakte in ihre eigenen Fachbereiche angeht.

Insgesamt zeigen sich IT-Verantwortliche in der Bundesrepublik noch immer zu stark kostenorientiert, urteilen die Analysten. Dabei ist das Potenzial beträchtlich. Das deutsche Bruttoinlandsprodukt könne durch Digitalisierung und Industrie 4.0 um mindestens 1 Prozent pro Jahr zusätzlich wachsen, wie eine Studie der Unternehmensberatung Boston Consulting Group ergab.

Wie digital ist Deutschland wirklich?

Dass Deutschland von der Industrie 4.0 profitieren kann, sehen auch andere Experten. Allein in sechs volkswirtschaftlich wichtigen Branchen seien bis zum Jahr 2025 Produktivitätssteigerungen in Höhe von insgesamt rund 78 Milliarden Euro möglich, heißt es in der Studie »Industrie 4.0 – Volkswirtschaftliches Potenzial für Deutschland«, die das Fraunhofer-Institut für Arbeitswirtschaft und Organisation IAO gemeinsam mit dem Branchenverband BITKOM im Jahr 2014 erstellt hat. »Industrie 4.0 hat das Zeug dazu, unsere industrielle Wertschöpfung so zu revolutionieren wie das Internet die Wissensarbeit«, sagt Wilhelm Bauer vom Fraunhofer IAO.

Bislang könne man allerdings nur einen kleinen Teil der erwarteten Potenziale einordnen. Viel werde davon abhängen, ob und wie es in Deutschland gelingen werde, neue Geschäftsmodelle in den traditionellen Industriebranchen einzuführen. Um das volle Potenzial der Industrie 4.0 zu heben, müsse das »Ökosystem« aus Mensch, Technik und Organisation ganzheitlich betrachtet werden. Bauer: »Voraussetzungen für den erfolgreichen Einsatz von Industrie 4.0 sind Standards auf der Technologie- und Anwendungsseite sowie Regeln für schnelle und schnittstellenfreie Kommunikation, Datenschutz und Datensicherheit.«

Auf was kommt es in Zukunft an?

Der Wirtschaftsreport 2014 des McKinsey Global Institute verweist auf die wachsende Bedeutung von »Global Flows«, also dem grenzüberschreitenden Verkehr von Waren und Dienstleistungen. Doch der Report enthält einen wichtigen Hinweis: Es gehe heute weniger um die Produktion und den Verkauf von Gütern, immer wichtiger werde hingegen das Immaterielle, die Innovation. Die Digitalisierung beeinflusst zunehmend alle Bereiche der Wirtschaft und bewirkt, dass Wissen wichtiger und Ausführung von Produktionsarbeit unwichtiger werden.

Und Importe können enorm produktivitätssteigernd sein, wenn es zum Beispiel um den Import von Wissen und Talenten geht. Mit der Digitalisierung geht zudem die wachsende Bedeutung von wissensintensiven Transfers einher, heißt es in dem Report. Schon heute mache der wissensbasierte Transfer etwa die Hälfte aller globalen Ströme aus, während kapital- und arbeitsintensive Flows zunehmend ins Hintertreffen gerieten.

Wissensintensive Güter und Dienstleistungen sind diejenige, die einen hohen Forschungs- und Entwicklungsanteil haben, die hochspezialisierte Arbeit erfordern oder Hightech-Komponenten beinhalten, beispielsweise Pharmaprodukte oder Halbleiter. Die Digitalisierung verändert nun die globalen Ströme – wenn Güter nur noch Daten sind, wenn statt fertiger Waren 3-D-Modelle verschickt werden, wenn es statt CDs und DVDs nur noch Dateien gibt.

Und die Technologie verändert die Arbeit: Kann die Wissensarbeit selbst weltweit verteilt werden, ohne dass Menschen noch durch die Welt reisen müssen? Global agierende IT-Unternehmen stellen Online-Plattformen zur Verfügung und öffnen sie für andere Unternehmen, die ihre Arbeit über diese Plattformen organisieren. Die Grenzkosten dieser Distribution nähern sich Null.

Woran hapert es?

Dass Deutschland mehr für die Digitalisierung tun muss, forderte auch Kasper Rorsted, CEO des Henkel-Konzerns, in einem Gastbeitrag für die Wirtschaftswoche. Es gehe dem Land zwar gut, der Export floriere, die Arbeitslosigkeit sei niedrig, die Steuereinnahmen auf einem Rekordniveau. Und es sei sicher richtig zu fordern, dass man in Infrastruktur wie Straßen, Schienen und Energienetze investiere, damit Deutschland weiterhin von seiner günstigen Lage im Herzen Europas profitieren kann.

Aber wirklich wichtig sind für Rorsted zwei ganz andere Bereiche: Digitalisierung und Bildung. »Wenn wir aber die digitale Zukunft mitgestalten wollen, müssen wir Teil davon sein. Wir werden das Spiel nicht von den Zuschauerrängen aus mitbestimmen können.« Das bedeute auch, dass »wir disruptive Technologien als Chance wahrnehmen sollten und nicht vornehmlich als Bedrohung«.

Ist Deutschland noch nicht so weit?

Auch für den Münchner Kreis, eine internationale Plattform zur Förderung von Wissen und Austausch, scheint die Digitalisierung die »Achillesferse der deutschen Wirtschaft«. In der Zukunftsstudie »Phase VI« haben 517 Experten aus Wirtschaft, Wissenschaft und Politik in einer von TNS Infratest durchgeführten Online-Befragung Trends und Entwicklungs-prognosen beurteilt.

63 Prozent der Experten bestätigen die These, dass in Deutsch-land die Förderung von Forschung und Entwicklung sowie die anschließende Umsetzung und internationale Vermarktung in der Wirtschaft nicht ausreichend an den Herausforderun-gen und Prinzipien der digitalen Ökonomie ausgerichtet sind. Gefragt nach den entscheidenden Einflussgrößen für Konver-genz und Transformation der deutschen Wirtschaft, nennen neun von zehn der befragten Experten die großen internatio-nalen Technologieunternehmen an erster Stelle. Fast eben-so stark wird der Einfluss der US-amerikanischen Wirtschaft in diesem Bereich eingeschätzt (87 Prozent).

Die deutsche Wirtschaft hat in den Augen der Experten einen deutlich schwächeren Einfluss auf ihre eigenen Transforma-tionsprozesse. Obwohl es um die Konvergenz und Transfor-mation des eigenen Business geht, glaubt lediglich gut die Hälfte der Experten (52 Prozent), dass deutsche Unternehmen diese Prozesse maßgeblich beeinflussen können. Als eine wei-tere strukturelle Herausforderung sehen 61 Prozent der Be-fragten den Fachkräftemangel im MINT-Bereich, also bei den naturwissenschaftlichen Fächern.

Die Experten fordern eine schnelle Anpassung an die Gegeben-heiten der digitalen Welt, zudem müsse die Lehrerausbildung besser ausgestaltet und die digitale Kompetenz jedes einzel-nen Bürgers erhöht werden. Außerdem sei nach Meinung der Experten die Politik der Digitalisierung in ihrer heutigen Orga-nisationsform nicht gewachsen. 86 Prozent der Experten sehen einen Restrukturierungsbedarf und denken dabei insbesonde-re an die Schaffung eines fachübergreifenden Bundesministe-riums für Digitalisierung und Medien.

Ein ganz entscheidender Punkt findet sich im weiteren Verlauf der Studie: Die Umsetzung von Innovationsstrategien durch deutsche Unternehmen wird von mehr als der Hälfte der teilnehmenden Experten als zu selten, zu langsam und mit zu geringem wirtschaftlichem Erfolg beurteilt. Drei Fünftel der Experten bestätigen, dass die deutsche Wirtschaft zu sehr in bisher oft erfolgreichen, jedoch bald ausgedienten Handlungsmustern verharrt. Dadurch wird die Verwirklichung von innovativen Produktstrategien und Geschäftsmodellen vielfach verhindert. Erfolgreich könne Deutschland in Zukunft nur sein, wenn die Unternehmen mehr Mut beweisen, branchenübergreifend kooperieren und den Mittelstand einbeziehen.

23. DIE SYNCHRONISATION

WARUM AUCH DAS »TÄGLICHE LEBEN« NEU ERFUNDEN UND DIGITAL GEDACHT WERDEN SOLLTE

Die neue Arbeitswelt findet aber nicht allein in den Unternehmen statt, sondern ist eine gesamtgesellschaftliche Aufgabe, die nahezu alle großen gesellschaftlichen Teilsysteme betrifft. Das betrifft vor allem auch die Haushalte und Familien in Deutschland. Im Jahr 2013 gab es in Deutschland knapp 8,1 Millionen Familien mit minderjährigen Kindern. In diesen Familien lebten insgesamt 18,6 Millionen Kinder, darunter knapp 13 Millionen Kinder unter 18 Jahren. Das sind Familien, die Tag für Tag versuchen, einen Alltag zu managen, der immer mehr den Anforderungen eines Unternehmens entspricht.

Wir erleben eine Komplexität des täglichen Lebens, die seit Jahren ansteigt. Das hat zum einen mit der Auflösung von bisherigen Arbeitsstrukturen, zum anderen auch mit einer Zunahme der Berufstätigkeit von Frauen zu tun. Im Jahr 2012 waren 17,7 Millionen Frauen in Deutschland im Alter von 20 bis 64 Jahren erwerbstätig. Das entsprach 71,5 Prozent dieser Altersgruppe, der EU-Durchschnitt lag bei 62,3 Prozent. Die Erwerbstätigkeit von Frauen in Deutschland hat in den letzten zehn Jahren deutlich zugenommen. 2002 lag die Erwerbstätigenquote von Frauen in Deutschland noch bei 61,8 Prozent.

Was sind die Zeitfresser?

Das Alleinverdienermodell der bundesrepublikanischen Nachkriegsjahre lässt sich als Familienstruktur offenbar nicht aufrechterhalten, nicht nur aus finanziellen Gründen. Doch doppelte Berufstätigkeit und Kindererziehung machen Familien zu schaffen, zumal heute immer neue Herausforderungen hinzukommen, auch aufgrund von oftmals gestiegenen Anforderungen bei der Kindererziehung.

Die geeigneten Schulen für die Kinder befinden sich nicht immer am Wohnort, also muss ein Transfer organsiert werden. Hinzu kommen Trainings in Sportvereinen, Proben für Musikinstrumente und zusätzliche Kurse, die besucht werden. Außerdem müssen Arzttermine oder Termine beim Logopäden vereinbart werden.

Gleichwohl ist die »Produktivität« der Haushalte meist noch gering. Viel Zeit und Energie gehen durch eine Vielzahl von kleinen und großen »Zeitfressern« verloren, sei es durch unflexible Öffnungszeiten von Behörden oder durch aufwendige Terminvereinbarungen bei Ärzten. Um die »Vereinbarkeitspotenziale« der Digitalisierung auszuschöpfen, müssen eben auch andere Bereiche in den Blick genommen werden, zum Beispiel die öffentliche Infrastruktur bis hin zu neuen, digitalen Möglichkeiten zur Betreuung wie smarte Heimassistenzsysteme oder sogar Roboter, die in unterschiedlichen Bereichen Hilfestellung leisten können.

In der aktuellen Debatte zur Vereinbarkeit von Familie und Beruf im digitalen Wandel der Arbeitswelt werden bereits viele Ansätze zur Flexibilisierung der Berufswelt diskutiert und auch teilweise schon erfolgreich von einigen Unternehmen umgesetzt. Denn so unterschiedlich sind die beiden Bereiche nicht. Betrachtet man die Vereinbarkeit von Familie und Beruf als Organisations- und Synchronisationsaufgabe der beiden Kernsysteme Haushalte und Unternehmen, dann werden ähnliche Potenziale bei der Flexibilisierung der Haushalte sichtbar.

Wenn mit branchenüblichen Methoden auch im Familienhaushalt Prozesse hinterfragt und Zeitfresser identifiziert werden sowie geprüft wird, wie man unterstützende Technologien nutzen kann, wird klar, dass auch Haushalte quasi als komplexes »Miniunternehmen« betrachtet werden können. Das wiederum hilft dabei, Möglichkeiten zur Flexibilisierung von Zeiten und Wegen sowie zur Freisetzung von Zeitkontingenten aufzuzeigen. Aus unserer Sicht ist das Ziel der Vereinbarkeit von Familie und Arbeit ja genau die Vergrößerung der Qualitätszeit für die Familie, bei gleichzeitigem Erfolg im Beruf und bei der Organisation des Haushalts.

Wir wollen dazu in einer Studie für typische Haushalte in Deutschland erste Grundlagen erheben: Was sind die »Kernprozesse« in deutschen Haushalten? Welche Dinge »fressen Zeit«? Was genau sehen die Menschen wirklich als »Qualitätszeit« an? Welche Hilfsmittel wünschen sie sich, um effizienter und effektiver ihre Zeit zu nutzen? Und was sind die großen Sollbruchstellen bei der Synchronisation von Haushalt und Unternehmen?

Die Digitalisierung bietet hier analog zu der Situation innerhalb von Unternehmen neue Möglichkeiten zur massiven Produktivitätssteigerung von Haushalten, im Sinne von »mehr Qualitätszeit für die Familie pro Tag«. Wichtige Handlungsfelder für Produktivitätssteigerungen sind aus unserer Sicht sicherlich:

- Ausbau der digitalen Erreichbarkeit von Behörden

- Digitalisierung des Gesundheitssystems

- digitale Erreichbarkeit von Schulen und Kitas

- Digitalisierung des regionalen Handels- und Dienstleistungssektors (insbesondere Terminvereinbarungen, Online-Vorbestellungen etc.)

- digitaler Marktplatz und Standardisierung für haushaltsnahe Dienstleistungen (beispielsweise Babysitter-Service, Pflegekräfte, Betreuungsangebote)

- Optimierung der Anliefermöglichkeiten für Haushalte, insbesondere auch von frischen Lebensmitteln (in Zusammenarbeit von Logistikunternehmen, Städteplanung und Wohnungswirtschaft)

- Flexibilisierung von Ladenöffnungszeiten

- Bereitstellung von Tools und Schulung für eine digitale Haushaltsplanung und -organisation

24. DOCH NICHT ÜBERALL WELTMEISTER
DIE DIGITALE BILDUNG IN DEUTSCHLAND KOMMT NICHT RICHTIG VORAN

Obwohl – oder schlimmstenfalls gerade weil – unser Bildungssystem seit vielen Jahren auf die Anforderungen der Wirtschaft hin optimiert wird, fehlen aktuell grundlegende Lerninhalte und Kompetenzen, die für die neue Arbeitswelt unabdingbar sind. Zuallererst mangelt es an einer gesunden positiven Grundhaltung zu unternehmerischem Handeln, Verantwortung und Risikobereitschaft.

Warum nicht eine Teamnote?

Inhaltlich zielt die Ausbildung aktuell nur wenig auf die für Wissensarbeit notwendigen Aspekte Vertrauen, Kontext und Intuition ab. Durch die starke und frühe Ausrichtung auf Einzelnoten und einen nicht selten damit einhergehenden Konkurrenzkampf zwischen Schülern und Studenten bleiben Teamübungen oft nur Makulatur und vermitteln nicht die Kompetenz und Erfahrung von wirklichem Vertrauensaufbau und erfolgreichem vernetztem Arbeiten.

Wir sind absolut für Noten und würden in der Abschaffung von Einzelnoten kein probates Mittel der Leistungssteigerung sehen. Vielmehr sollten zu den bewährten Noten für Mathematik oder Deutsch auch neue, gleichwertige Zensuren wie beispielsweise eine »Teamnote«, eine »Kooperationsnote« oder eine »Kommunikationsnote« geschaffen werden. Aus unserer Sicht ergibt sich durch eine Aufwertung dieser vermeintlich nebensächlichen Kompetenzen ein besseres, ja umfassenderes Bild eines Schülers.

Man muss es sicher nicht so drastisch formulieren wie Gunter Dueck, ehemaliger CTO bei der IBM und seit einigen Jahren Berater für Bildung und Digitalisierung: »Unser Bildungssystem erzieht am Wesentlichen vorbei.« Zu seiner Schulzeit, so Dueck, seien die Werte anders gewichtet gewesen. Seine Mutter wollte, dass er fleißig, ordentlich, anständig ist und gut mitarbeiten kann. »Allerdings haben sich die Gesellschaft und auch die Berufe geändert, viele Firmen fordern ganz andere Dinge.«

Deshalb müssten, so Dueck, die Schulen und vor allem die Eltern »Metakompetenzen zusätzlich zum Fachwissen vermitteln«. Für Dueck sind das unter anderem: lernen, verstehen lernen, analysieren lernen, erkennen lernen, forschen lernen, lehren lernen, coachen lernen, Probleme und Konflikte lösen lernen, Menschen verstehen und lieben lernen, verkaufen lernen, managen lernen, Projekte leiten lernen, organisieren lernen, führen lernen und so weiter. »Diese Werte und Fähigkeiten werden in unserem Bildungssystem nicht gelehrt und gelernt«, klagt Dueck.

Das ist sicher sehr polarisierend formuliert, weil beispielsweise täglich auf Schulhöfen Konflikte gelöst und Schüler durchaus zum Lernen angeregt werden. Dass jedoch vermeintliche Metakompetenzen nicht in Schülerzeugnissen Niederschlag finden, ist Fakt. Das könnte man mit neuen Noten für bisher kaum bewertete Kompetenzen auffangen.

Generell sollte aus unserer Sicht an Schulen das Einordnen und Bewerten von Sachverhalten eben nicht zugunsten mechanischen Methodenlernens vernachlässigt werden. Wir sehen, wie vielfältig Aufgaben in einem Unternehmen sind – und wie häufig sie nicht mit den Methoden von gestern gelöst werden können. Ähnliches gilt für Intuition – aufgrund der Zwänge von »objektiven« und vergleichbaren Leistungsbewertungen wird intuitive Arbeit oft nur wenig gefördert und eingeübt.

Denn es kommt heute vermutlich nicht mehr darauf an, nur ein Spezialist oder Experte zu sein, sondern darauf, ob man in der Lage ist, sein Expertenwissen zu teilen, sich zu vernetzen, sich in einem Team mit Menschen aus anderen Disziplinen zu treffen und gemeinsam Lösungen zu finden. Ergänzend könnte angeführt werden, dass diese Form des Wissensarbeitens auf Vertrauen, Kontext und Intuition basiert. Bei dem – strukturell auch sinnvollen und gebotenen – Fokus auf eine breitere Bildung und Generalisierung droht die Vermittlung und Erfahrung von Exzellenz verloren zu gehen. Das Ergebnis wäre eine »Man-kann-irgendwie-alles-aber-nichts-richtig«-Bildung, die keiner will.

Um es auf den Punkt zu bringen: Wir wollen Fachwissen, wir wollen auch die Exzellenzförderung. Es ist gut, wenn es Menschen gibt, die auf einem Gebiet herausragend sind. Nicht zuletzt, damit sich andere daran orientieren können. Aber Fachwissen wird man künftig nicht mehr allein und exklusiv für sich pflegen können, sondern multidisziplinär und vor allem vernetzt mit anderen einsetzen müssen.

Wie hältst du es mit den digitalen Medien?

Neben einer Förderung von Projektarbeit und einer frühen Förderung von zukunftsorientierter Wissensarbeit geht es, wie es zwei Microsoft-Mitarbeitern naturgemäß besonders am Herzen liegen muss, immer auch um die Nutzung von digitalen Medien im Schulunterricht.

Wobei, und dieser Einschub sei gestattet, es sich dabei nicht zwangsläufig um Produkte aus unserem Haus handeln muss. Wir sind da inzwischen sehr offen. Wenn bei uns jemand lieber mit einem iPad arbeitet oder gerne mit dem iPhone telefoniert, kann er das. Auch darin sehen wir einen Beitrag für Selbstverantwortlichkeit. Es ist ein Ausdruck unserer Haltung: »Jeder, wie er will« und »Jede, wie sie will«.

Wenn wir auf Bildungsmessen für Schüler oder Studierende vertreten sind, werben wir intensiv mit dem Satz: »Come as you are – do what you love!« Wir sind an dir interessiert – nicht an deinen Requisiten. Und wenn bei einem Bewerber für sein persönliches gutes Arbeiten eben ein Produkt dazugehört, das nicht von Microsoft kommt, dann ist das einfach okay. Wir können nicht Flexibilität und Vertrauensarbeit einführen – und dann Mitarbeiter in den kleinen Dingen einschränken und ihnen Vorgaben machen.

Wichtig ist: Man sollte mit Laptop oder anderen Mobile Devices umgehen können, und Umgang heißt eben nicht nur spielen. Und da sehen wir durchaus noch Handlungsbedarf in deutschen Bildungseinrichtungen. Mit der Einrichtung von Computerarbeitsräumen ist es in den Schulen nicht getan. Das hat im Übrigen auch der »Praxis-Check – Medienbildung an deutschen Schulen« im Jahr 2014 gezeigt, eine Studie der Digitalinitiative D21. Demnach betrachten Schulen die Medienbildung zwar überwiegend als Querschnittsaufgabe, sie sei aber nach wie vor zumeist nur ein unverbindlicher Bestandteil der Lehrpläne.

»Insgesamt fehlt eine verbindliche strukturelle Verankerung des Lernens mit und über digitale Medien – in den meisten Bundesländern sind es überwiegen freiwillige Initiativen und Projekte«, heißt es bei der Initiative D21. Viele Lehrer seien zudem für die Vermittlung von digitaler Medienbildung noch nicht hinreichend ausgebildet, Entwicklungsbedarf zeige sich auch bei der Ausstattung mit Hardware, Software und Medien sowie in Bezug auf die pädagogischen Konzepte, um die technischen Fertigkeiten und kognitiven Kompetenzen der Schülerinnen und Schüler zu verbessern – vor allem in Deutschland.

Surfen ist wohl nur bedingt Medienkompetenz

Laut ICIL-Studie von 2014 liegen deutsche Schüler mit ihren Computerkenntnissen weltweit im Mittelfeld. Sie erreichen mit 523 Punkten ein Leistungsniveau knapp über dem internationalen Mittelwert von 500 Punkten. Für die ICIL-Studie (International Computer and Information Literacy Study) wurden erstmals weltweit die Fähigkeiten von Jugendlichen (13- bis 14-Jährige) im Umgang mit Informations- und Kommunikationstechnik untersucht. Getestet wurden weltweit Achtklässler aus 21 Ländern.

In Deutschland nahmen nach Angaben des Bundesbildungsministeriums 2.225 Schülerinnen und Schüler sowie 1.386 Lehrkräfte teil, die aus 142 Schulen repräsentativ ausgewählt wurden. Die für die deutsche Teilstudie verantwortlichen Bildungsforscher um den Erziehungswissenschaftler Wilfried Bos stellten einen großen Nachholbedarf bei Schülern und Schulen fest. International führend sind die Tschechische Republik, Kanada und Australien.

Die Ergebnisse zeigten, so Bos, »dass die weit verbreitete Annahme, Kinder und Jugendliche würden durch das Aufwachsen in einer von neuen Technologien geprägten Welt automatisch zu kompetenten Nutzerinnen und Nutzern digitaler Medien werden, nicht zutrifft«. Zwar hat die neue

Generation keine Berührungsängste mehr mit Technologie, aber das heißt eben noch nicht, dass auch inhaltliche digitale Kompetenz damit einhergeht.

So erreicht nur ein geringer Anteil der getesteten Achtklässler die höchste Kompetenzstufe; knapp ein Drittel belegt lediglich die beiden unteren Kompetenzstufen. Diese Jugendlichen verfügen, so Bos, »nur über rudimentäre beziehungsweise basale Fertigkeiten und Wissensstände hinsichtlich eines kompetenten Umgangs mit neuen Technologien«. Wenn die Zukunft der Wissensarbeit gehört und die fundamentale Voraussetzung für diese Form der Arbeit, das heißt das Wissen um die Nutzung digitaler Geräte, nur rudimentär ist, bleibt noch einiges zu tun.

Denn immer mehr Bereiche des gesellschaftlichen Lebens sind von der voranschreitenden Digitalisierung betroffen. Doch die Nutzung elektronischer Kommunikationsmittel und digitaler Medien weist Lücken auf. Wichtig ist: Digitale Medien sollen herkömmliche Lehrmittel nicht völlig ersetzen. Sie ermöglichen aber neue Formen des Unterrichts. Beispielsweise erleichtern sie eine individuelle Förderung oder eben die Potenzialentfaltung in zunehmend heterogenen Klassen.

Klicken und Studieren

Doch nicht nur die Schulen, auch deutsche Universitäten hinken bei Digitalisierung hinterher, vor allem auch bei der Nutzung von Online-Studiengängen und Online-Kursen. Laut Hochschulbildungsreport sind es vor allem die Länder Asiens, in denen die Zahl der Online-Studierenden ansteigen wird. Sind es heute weltweit noch 8 Millionen, wird die Zahl im Jahr 2020 sich auf bis zu 55 Millionen vervielfachen.

In Deutschland ist das Online-Studieren noch recht unterentwickelt. Hier zu Lande gibt es rund 10.000 Studiengänge, von denen nach Angaben der Hochschulrektorenkonferenz (HRK) gerade einmal 400 Fernstudienangebote sind, wobei Fernstudium nicht gleich Online-Studium ist. Die Zahl der reinen Online-Studiengänge ist verschwindend gering. Im Studienjahr 2012/13 belegten 5,7 Prozent der Studenten in Deutschland einen Fernstudiengang.

»Die meisten Hochschulen haben sich noch keine digitale Strategie zurechtgelegt«, sagt Dr. Jörg Dräger, Geschäftsführer des Centrums für Hochschulentwicklung (CHE). »Wichtig ist, dass nicht jede Hochschule jede beliebige digitale Innovation nutzt, sondern sich ein passendes Konzept überlegt.« Es ginge vor allem darum, das Studium flexibler und individueller zu gestalten.

Online-Studiengänge bieten insbesondere Berufstätigen oder familiär Eingebundenen neue Möglichkeiten. Die Kurse finden abends statt und können notfalls auch aufgezeichnet werden. Die Studenten müssen sich folglich nicht nach dem Studium richten, sondern das Studium richtet sich nach ihnen. Weitere Möglichkeiten sind die MOOCs, die Massive Open Online Courses. Dazu benötigt man lediglich einen Internetzugang. Mit den MOOCs, die in der Regel Internetvideos oder Quizformate nutzen, kann man in Deutschland keinen Hochschulabschluss machen – aber sie zeigen, wie Lernen auch anders gehen kann, durch sogenannte Peer-to-Peer-Elemente und vermehrte interaktive Anteile.

Die Idee dahinter: Studenten teilen ihr Wissen und helfen sich untereinander. MOOCs wurden an den Elite-Universitäten Harvard, Berkeley, Massachusetts Institute of Technology (MIT) und Stanford entwickelt. In Deutschland will das Start-up

Iversity es den MOOCs gleichtun, auch hier gibt es Online-Kurse über eine Plattform. Man meldet sich mit einem Mausklick an, schreibt sich in einen Kurs ein – und kann danach entscheiden, ob man einen Abschluss machen will oder nicht.

Nicht überall sattelfest

Ich (Elke Frank) führe pro Woche vier bis fünf Gespräche mit Bewerbern sowie mit internen Aspiranten für gehobene Positionen, und es scheint, wie schon erwähnt, vor allem eine Frage wichtig: Wie kann ich mein Leben mit dem vereinbaren, was ich für euch tun muss? Das ist so etwas wie eine Grundhaltung bei Bewerbungsgesprächen. Hinzu kommt, dass fast alle Bewerber heute sehr selbstbewusst auftreten. Das kann damit zu tun haben, dass sie als Vertreter der Generation Y wissen: So viele gibt es von uns nicht, ihr müsste euch schon bemühen, mich zu überzeugen.

Es kann aber auch daran liegen, dass Menschen sich heute weniger bemühen müssen, einem Bild zu entsprechen – viele geben sich authentischer als noch vor wenigen Jahren, sie geben sich mehr so, wie sie sind, nicht so, wie sie glauben, sich geben zu müssen – so wie sie es in den sozialen Netzwerken tun. Man muss Geheimnisse oder Schwächen nicht verstecken, man spricht sie ganz einfach an: Wer hat denn keine Schwächen?

Überhaupt scheinen die meisten jüngeren Bewerber fast schon gestählt im Auftreten (O-Ton: »So, ihr von Microsoft, dann zeigt mal, was habt ihr mir zu bieten?«). Sie haben durch die Bank gute Präsentations-Skills, sie können gut auftreten, geschliffen sprechen und kommen nur selten aus dem Konzept. Sie haben erstaunliche rhetorische Fähigkeiten.

Was auffällt, ist, dass aber das Fundament manchmal etwas löchrig ist, es gibt teilweise Mängel in Basisfähigkeiten wie Rechtschreibung und Mathematik. Es mag vielleicht altmodisch klingen und, wenn wir von der Zukunft von Arbeit sprechen, vermutlich doppelt altmodisch, aber da sollten wir aufmerksam bleiben. So etwas wie Rechtschreibung bleibt wichtig. Wenn wir verlernen, uns korrekt zu vermitteln, auch und gerade schriftlich, laufen wir Gefahr, nicht wirklich verstanden zu werden. Die Sprache ist auch in der digitalen Welt das Haus der Wirklichkeit.

25. GRAUE EXPERTEN

WIE DIE DIGITALISIERUNG NICHT NUR NEUE FORMEN DER ARBEIT SCHAFFT, SONDERN AUCH DAS EHRENAMT REVOLUTIONIERT

Das Lebenskonzept des Arbeitens bis zur Rente, um danach erst das Leben zu genießen, hat in der neuen Arbeitswelt seine wesentlichen Grundannahmen verloren. Wissensarbeit verbraucht bei weitem nicht in dem Maße körperliche und gesundheitliche Ressourcen wie beispielsweise die Produktionsarbeit. Es ist verständlich, dass Menschen, die vierzig bis fünfzig Jahre lang harte körperliche Arbeit geleistet haben, einen Ruhestand einfordern. Bei einer Zunahme der Wissensarbeit scheint das nicht mehr die logisch zwingende Schlussfolgerung.

Im Gegenteil steigert Wissensarbeit durch Aufbau von Erfahrungswissen und Beziehungsnetzwerken sogar die Arbeitsfähigkeit im Laufe des Arbeitslebens – Stichwort »Senior Experts« (SES). Die SES werden unterstützt von den Spitzenverbänden der deutschen Wirtschaft sowie dem Bundeswirtschaftsministerium. Bei den SES sind rund 10.000 Senior-Expertinnen und -Experten aus allen kaufmännischen, technischen, handwerklichen, medizinischen und sozialen Berufen registriert. Sie stellen ihr Fachwissen und ihre Erfahrung ehrenamtlich zur Verfügung – und können bei einer Zunahme der Digitalisierung ihr Wissen und ihre Erfahrung noch effizienter weitergeben.

Auch ist nicht auszuschließen, dass es individuelle Rentenmodelle geben wird, nach dem Motto: Jeder arbeitet, so lange er kann und will. Eine gesellschaftlich übliche Erwerbstätigkeit bis ins hohe Alter hinein würde den verheerenden Druck von den Schultern der jüngeren Generation nehmen, ihre Karrieren von Anfang an unter dem Gesichtspunkt der Versorgung für ihre Renten zu planen. Es ist aus unserer Sicht nicht zeitgemäß, wenn 25-Jährige als Hauptgrund für ihre erste Berufswahl bei einem Unternehmen angeben:»Weil ich dort eine sichere Altersversorgung habe.«

Generell ist zu sagen: Wissensarbeit ist zusammen mit dem Ehrenamt der Schlüssel für eine gesamtgesellschaftliche Teilhabe am Erwerbsleben, auch im Alter. Und das Ehrenamt verzeichnet ohnehin wachsende Zahlen.

Das Gefühl, etwas Sinnvolles zu tun

Im Jahr 2013 gab es in Deutschland rund 12,67 Millionen Personen (ab 14 Jahren), die ein Ehrenamt hatten oder unentgeltlich in einer Bürgerinitiative, einem Verein, Verband oder Ähnlichem tätig waren. Das ist eine hohe Zahl, auch wenn ein Großteil der Ehrenamtlichen bereits über 60 Jahre ist. Doch gerade in einer alternden Bevölkerung kommt dem Ehrenamt eine steigende Bedeutung zu.

Einerseits steht der Gesellschaft mit einer rasch wachsenden Zahl nicht mehr berufstätiger Menschen, die gleichermaßen auch immer weniger Kinder und Enkelkinder haben, ein gewaltiges Potenzial von Erfahrungswissen zur Verfügung. Andererseits wird durch die stetige Auflösung der klassischen Familienstrukturen immer mehr ehrenamtliche Hilfe in verschiedensten sozialen Bereichen benötigt.

Ein neuer Generationenvertrag sowie die vertrauens- und verständnisvolle gesellschaftliche Zusammenarbeit über drei bis vier Generationen scheint im Hinblick auf die Altersstruktur absolut notwendig, vor allem auch für den Fortbestand des sozialen Zusammenhalts unseres Gemeinwesens. Digitalisierung kann hier einen entscheidenden Beitrag liefern.

Wir sehen es durchaus im Bereich des Machbaren, beispielsweise ein Ehrenamt 2.0 zu schaffen, um Angebot und Nachfrage von ehrenamtlicher Tätigkeiten viel effektiver und einfacher zusammenzubringen. Man denke an eine Schulklasse, die bei einer Geschichtsstunde zur Wirtschaftswunderzeit in Deutschland per Skype eine Zeitzeugin aus dieser Generation aus ihrem Wohnheim live in den Klassenraum holen kann, um mit ihr aus erster Hand über das Leben zur Wirtschaftswunderzeit zu sprechen. Der Gewinn sowohl für die Schüler als auch für die Seniorin ist immens.

Durch die Verlängerung der Lebenszeit im Rahmen des demografischen Wandels entsteht für Deutschland ein immenses Potenzial von Arbeitskräften. Dieses bleibt bisher oft ungenutzt, und daher wird der demografische Wandel fast ausschließlich als Kostenfalle statt als Wachstumschance gesehen – als Chance auf einem Gebiet, das sich gerade Ältere heute Schritt für Schritt erschließen.

Laut ARD/ZDF-Online-Studie 2014 waren 79,1 Prozent der Erwachsenen in Deutschland (2013: 77,2 Prozent) online. Dies entsprach 55,6 Millionen Personen ab 14 Jahren (2013: 54,2 Millionen). Die höchsten Zuwachsraten waren 2014 bei den über 60-Jährigen zu verzeichnen, von denen inzwischen fast jeder Zweite das Internet nutzt (45 Prozent). Bei den 60- bis 69-Jährigen stieg der Anteil der Onliner binnen Jahresfrist von 59 Prozent auf 65 Prozent. Die Älteren haben also die Scheu vor dem Netz abgelegt – und das ist ein gutes Zeichen. Denn Digitalisierung bietet allen Generationen die Möglichkeit für eine noch nie dagewesene Teilhabe am sozialen und auch ökonomischen Leben.

26. DER ABSCHIED VOM GESTERN

»NEW WAY OF WORK« HEISST AUCH:
NEUE ARBEITSRECHTLICHE RAHMENBEDINGUNGEN

Die Grundannahme des deutschen Arbeitsrechts beruht immer noch auf der Arbeitswelt des frühen 20. Jahrhunderts und spiegelt nicht die Welt der Wissensarbeit wider. Wissensarbeit ist dem Wesen nach nicht erzwingbar und nicht durch bloße Anwesenheit, Befolgung von Anweisungen und Ausführung von vorgegebenen Arbeitsabläufen werthaltig erbringbar. Es gibt mindestens zwei wesentliche Punkte des deutschen Arbeitsrechts, die aus unserer Sicht dringend reformiert und transformiert werden müssten.

Reform der Arbeitszeitregelungen

Stundengrenzen von acht bis zehn Stunden sind bei einem Zusammenwachsen von »Work« und »Life« nicht mehr zeitgemäß. Immer mehr Unternehmen setzen ohnehin bereits auf Vertrauensarbeitszeit und eine »Aufhebung« des Arbeitsortes. Das heißt: Es gibt keine Zeiterfassung mehr oder gar Stempeluhren. Auf der anderen Seite muss gewährleistet sein, dass Mitarbeiter mit einem ganzheitlichen Gesundheitsmanagement sowie präventiven Maßnahmen geschützt werden. Es ist heute schon so, dass Arbeitszeit immer weniger einen klaren Beginn (die Ankunft am Arbeitsplatz) oder ein klares Ende (das Verlassen des Arbeitsplatzes) hat.

Eine flexiblere Handhabung der Arbeitszeit wie zum Beispiel das digitale Arbeiten von unterwegs oder von zu Hause aus bietet Chancen für mehr Selbstbestimmung und eine bessere, individuelle Work-Life-Balance. Warum sollen sich Mitarbeiter in der Rushhour ins Auto setzen, im Stau stehen, dabei viel Benzin verbrauchen und Abgase ausstoßen – nur um zu einer bestimmten Zeit im Büro zu sein?

Gleichzeitig steigt auch das Risiko wachsender Belastungen durch eine nahezu grenzenlos ausgedehnte zeitliche Verfügbarkeit, eine zunehmende Arbeitsintensität und eine drohende Selbstausbeutung. Fakt ist: Wenn auf einem Campus oder in einem Büro Mitarbeiter das »Work-Life-Blending« leben, ergibt Zeiterfassung keinen Sinn mehr. Denn eine genaue Erfassung der Arbeitszeit ist schlichtweg nicht mehr möglich.

Viele Unternehmen haben inzwischen ihr eigenes Fitnessstudio oder sogar einen Wellnessbereich, in den die Mitarbeiter jederzeit gehen können. Es gibt Firmen-Cafés, dort kann man auch Xbox spielen (klar, bei uns), fernsehen oder sich mit Kollegen absprechen – wie soll man da präzise auseinanderdividieren, was genau Arbeit und was privat ist? Es gibt einen Reinigungsservice, einen Schuster – und das alles auf dem Campus.

Auch das ein Indiz, dass Beruf und Privatleben mehr und stärker überlappen können. Eine Zeiterfassung alter Prägung ist unter dieser Voraussetzung einfach nicht mehr sinnvoll. Sie entspricht nicht dem Lebensmodell, das vor allem die von uns beschriebenen Wissensarbeiter heute leben.

Reform der Arbeitsstättenverordnung

Der Arbeitsplatz verliert im »New Way of Work« immer mehr an Bedeutung als reiner Arbeits-PLATZ, wo man für sich selbst und in Ruhe arbeiten kann. Ein Office wird heute mehr und mehr zum Ort der Kommunikation und der Interaktion. Was wir jedoch heute an Arbeitsstättenverordnungen haben, liest sich in unseren Augen noch sehr antiquiert.

Die meisten Inhalte stammen aus einer Zeit, als es weder Smartphones noch Notebooks oder Tablets gab. Dabei hat sich viel verändert. Es wird heute auszuloten sein, inwieweit und wie genau Unternehmen dafür verantwortlich sind, dass der Mitarbeiter überall (also auch im Home Office) die richtige und gesundheitlich unbedenkliche Umgebung vorfindet.

»Wenn eine Tastatur so liegt, dass vor ihr kein Handballen breit Platz ist, werden den Mitarbeiter nach wenigen Tagen oder Wochen Schulter- oder Nackenschmerzen quälen. Dann rennt er von einem Orthopäden zum nächsten. Und niemand kann ihm helfen, weil natürlich niemand an den Handballen denkt. Für mich als Arbeitsschützer ist daher absolut essenziell, dass der Arbeitgeber die Verantwortung für das Wohlergehen seiner Beschäftigten wahrnimmt – auch bei Telearbeit«, sagte Walter Eichendorf, stellvertretender Hauptgeschäftsführer der Deutschen Gesetzlichen Unfallversicherung (DGUV), gegenüber dem *SPIEGEL*.

Der Arbeitgeber habe die Pflicht, seine Beschäftigten vor arbeitsbedingten Gesundheitsgefahren zu schützen. »Jedem Mitarbeiter steht ein vernünftiger Arbeitsplatz zu: mit einem geprüften Bildschirm, einem gesunden Bürostuhl, einer ergonomischen Tastatur.« Und das auch zu Hause. Allerdings sehen wir darin auch Einschränkungen. Wenn wir wollen, dass die Menschen so arbeiten, wie sie es wünschen, wie es ihnen guttut – und das kann auf dem Sofa, im Gartenstuhl oder im Zug sein –, dann werden solche Verordnungen zu kaum überwindbaren bürokratischen Hürden.

Flexibles Arbeiten heißt flexibles Arbeiten, und wenn einer am liebsten im Liegestuhl auf dem Balkon arbeitet, wird es als Unternehmen nicht möglich sein, ihm auch da eine gesundheitlich unbedenkliche Arbeitsumgebung zu schaffen. Kein Arbeitgeber kann die Lichtverhältnisse im Home Office überprüfen, die ergonomische Ausrichtung von Sesseln der Deutschen Bahn oder ob der Liegestuhl, in den sich ein Mitarbeiter setzt, um Firmen-Mails zu versenden, ein ordentlicher Bürostuhl im Sinne der Arbeitsstättenverordnung ist.

Für uns sind das wichtige Gründe, das Arbeitsrecht in Deutschland zu reformieren. Nicht zum Nachteil der Arbeitnehmer, auch nicht zum Nachteil der Arbeitgeber – was wir wollen, sind zeitgemäße und dem digitalen Zeitalter angemessene rechtliche Reglungen für gute digitale Arbeit.

27. HABEN WIR EIGENTLICH GENUG KABEL?

Der Ausbau von Breitbandverbindungen

Eine notwendige Forderung oder besser: die Grundvoraussetzung für die Digitalisierung der Arbeit ist ein Ausbau der Breitbandverbindungen in Deutschland. Es nutzt die beste Neuorganisation von Arbeit nichts, wenn Verbindungen abbrechen, jedes Skype-Telefonat nach zehn Minuten abstürzt, wenn man die Stimme verzerrt oder verzögert hört, wenn Kabel veraltet sind. Kurz gesagt: Wir brauchen eine absolut zuverlässige und performante digitale Infrastruktur in ganz Deutschland. Und die haben wir wohl immer noch nicht.

Im Januar 2015 hieß es von Seiten der EU-Kommission, Deutschland liege beim Ausbau der digitalen Infrastruktur im vorderen Mittelfeld. Das sagte kein Geringerer als EU-Digitalkommissar Günter Oettinger (Deutschland). Doch Netzkritiker wie Markus Beckedahl haben »leider keinen Beleg« für diese Aussage gefunden.

»Es gibt diverse Rankings zum Breitbandausbau in der EU, aber uns ist keines bekannt, wo Deutschland im vorderen Mittelfeld liegt«, urteilte Beckedahl in seinem Blog. Nehme man, so Beckedahl weiter, die ambitioniertere Definition von 30 MBit/s als schnelles Breitband, dann kommt Deutschland laut EU-Kommission auf Platz 16, eher hinteres Mittelfeld. Nach Angaben der EU verfügen gerade mal 5,5 Prozent der Deutschen über das schnelle Internet (30 Mbit/s). Länder wie Portugal (10,2 Prozent), Lettland (12,4 Prozent) oder Belgien (22,4 Prozent) liegen im Ländervergleich sogar sehr deutlich vor Deutschland.

Im jährlichen Monitoring-Report *Digitale Wirtschaft* liegt Deutschland zudem beim Glasfaserausbau auf dem letzten Platz, die superschnellen Glasfaseranschlüsse sind in Deutschland eine Seltenheit. Mit einer Glasfaserquote von lediglich 1 Prozent liegt Deutschland weit abgeschlagen auf dem letzten Platz der europäischen Länder.

Weltweit die schnellsten Internetzugänge haben Südkorea, Hongkong, Japan und die Schweiz. Deutschland landet im weltweiten Vergleich auf Platz 31. Angesichts dieser nüchternen Zahlen klingt es recht ambitioniert und zugleich mehr als notwendig, wenn die Bundesregierung es sich in ihrer »Digitalen Agenda« zum Ziel setzt, mittels eines effizienten Technologiemix bis 2018 eine flächendeckende Breitbandinfrastruktur mit einer Downloadgeschwindigkeit von mindestens 50 Mbit/s entstehen zu lassen.

Neben der schon angeregt geführten Debatte um den Investitionsbedarf für digitale Infrastrukturen wie den Ausbau der Breitbandversorgung und der Mobilfunknetze sowie den regulatorischen Auseinandersetzungen um die Nutzung von Cloud-Services sind insbesondere die Diskussionen um sichere reale Identitäten in der digitalen Welt vorranging zu klären. Parallel stellt sich – angestoßen von Vordenkern wie Jaron Lanier in seinem mit dem deutschen Buchpreis 2014 ausgezeichneten Buch *Wem gehört die Zukunft* – die Frage nach der Neubestimmung des Eigentumsbegriffs in der Digitalen Welt.

Unter der Prämisse, dass Daten die Rohstoffe der Zukunft sind, sollte für Daten auch ein transparenter und liquider Markt entstehen, so wie bei klassischen Rohstoffen auch. Die vollkommen neue Herausforderung ist allerdings, dass Daten einerseits zu Grenzkosten von Null kopierbar sind (im Gegensatz zu anderen Rohstoffen), und andererseits, dass Daten auf vielfältigere

Arten entstehen beziehungsweise »abgebaut« werden können, als es bei Rohstoffen üblicherweise der Fall ist.

Letztere verfügen meist über eine klare Produktions- oder Abbaustätte, die in Eigentum genommen werden kann. Das geht bei Daten nicht, da diese oft in komplexen Netzwerken und Interaktionen entstehen, die niemandem eindeutig gehören. Beispielsweise ist die Frage aktuell noch weitgehend ungeklärt, wem die individuellen Nutzungsdaten gehören, die beim Betrieb eines neuen BMW entstehen und vom Fahrzeugcomputer gesammelt werden: dem Unternehmen BMW oder dem Besitzer des Autos?

Und das ist nur eine der vielen ungeklärten Fragen im Hinblick auf die Digitalisierung in Deutschland.

Mit anderen Worten: Um die Chancen der neuen Technologien zu nutzen, um wertvolle Wissensarbeit in der Breite der Gesellschaft zu ermöglichen, brauchen wir heute ein Bündnis für digitale Arbeit in Deutschland. Die IT revolutioniert die Arbeitswelt. Und als führendes IT-Unternehmen treiben wir mit unseren Technologien diese Revolution voran. Wir sind fest davon überzeugt, dass diese Revolution enorme Chancen birgt – für jeden Einzelnen, für die Unternehmen und für die gesamte Gesellschaft.

Damit die Revolution der Arbeitswelt gelingt, brauchen wir jedoch neue Regeln in der Gesellschaft und in den Unternehmen. Und wir brauchen mehr Vertrauen – nicht nur in neue Technologien, sondern auch in uns selbst.

Wir sind davon überzeugt, dass flexibles Arbeiten in Zukunft kein nettes Etikett mehr ist, das sich Unternehmen nach Belieben aufkleben, sondern eine wirtschaftliche Notwendigkeit.

Flexibles Arbeiten macht Unternehmen produktiver und innovativer und sorgt für mehr Familienfreundlichkeit und eine gerechtere Arbeitsverteilung zwischen den Geschlechtern und den Generationen. Wir sehen dieses Buch als unseren Beitrag zu einer wichtigen Debatte – und als Aufruf zu einem breit angelegten Engagement aller relevanten Akteure.

Ein Bündnis für digitale Arbeit wäre aus unserer Sicht das ideale Forum, um das Fundament für die Herausforderungen der Zukunft zu schaffen.

28. NAH AM MENSCHEN
AUF WAS ES ANKOMMEN WIRD

Draußen scheint die Märzsonne. Es ist zu spüren, wie stark die Sonne schon wieder ist, man bekommt eine Ahnung von Frühling, von Wärme. Wir könnten jetzt rausgehen. Wir schreiben an den letzten Worten dieses Buches. Wo die entstehen, wo die formuliert werden, wie wir uns austauschen – das alles ist nicht mehr an einen Ort gebunden und für viele inzwischen längst Alltag. Dieser Text könnte an so vielen Orten entstehen.

Wir, Elke Frank und Thorsten Hübschen, sind beide viel unterwegs. Die Möglichkeit, dass wir beide gemeinsam am Manuskript arbeiten, gab es fast nie – und dennoch haben wir ständig daran gearbeitet. Wir haben Mails ausgetauscht, über Skype telefoniert, wir haben in OneNote gemeinsam Literatur gesammelt. Wir standen am Flughafen und haben neue Passagen diskutiert oder im Netz nach Inhalten gesucht.

Einmal saß Elke in ihrem Auto, sie hatte die ganze Fahrt von München nach Stuttgart schon über Textergänzungen konferiert, parkte schließlich vor ihrem Haus, hatte den Laptop auf den Knien und besprach Änderungen. Die Geräusche der Straße waren zu hören, das Martinshorn eines Krankenwagens, das Hupen. Egal, das war jetzt wichtig. Thorsten hatte sich einmal aus dem Wartezimmer beim Zahnarzt gemeldet, ein anderes Mal vom Flughafen.

Arbeit oder eben Wissensarbeit ist heute nicht mehr an einen Ort und schon gar nicht an ein Bürogebäude gebunden. Sie kann stattfinden, wo sie eben stattfindet – wenn es ein klein wenig Platz gibt, ein Tischchen im ICE oder einen Stehtisch im

Coffee-to-go-Laden. Das sind Orte, die vermutlich keiner Arbeitsstättenverordnung entsprechen würden, und dennoch ist es für viele längst Alltag: arbeiten, wo man gerade ist. Und wo man sich wohl fühlt. Das kann im Büro sein, das kann zu Hause sein.

Arbeit braucht kein Ritual mehr. »Ich gehe jetzt zur Arbeit«, dieser Satz scheint wie aus einer fernen Zeit. Man geht nicht mehr zur Arbeit. Man kann ins Büro gehen, weil man etwas besprechen muss, weil menschlicher Kontakt wichtig ist, weil man sich über Ziele, Arbeit und Möglichkeiten der Kollaboration austauschen will – aber nicht, weil es einen Chef oder eine Chefin gibt, die einen dort erwartet und streng blickt, wenn man sich fünf Minuten verspätet. Und noch strenger blickt, wenn man um 16.33 Uhr schon wieder geht.

Kein Mensch muss ständig erreichbar sein

Wir haben in diesem Buch aufgezeigt, wie diese neue Art der Arbeit funktionieren kann. Wie Arbeit und Leben im Einklang geführt werden können – ohne eine strikte »Work-Life-Balance«-Trennung zu forcieren. Warum soll das Leben nichts mit der Arbeit zu tun haben, und warum unsere Arbeit nichts mit unserem Leben? Warum soll diese Grenze gezogen werden? Beides überlappt sich, integriert sich – bei vielen heute schon, bei vielen anderen wird es sicher so kommen. Seien wir darauf vorbereitet.

Ja, wir kennen die Kritik, alle Menschen müssten heute ständig erreichbar sein, keiner käme mehr zur Ruhe. Wir sagen: Kein Mensch muss ständig erreichbar sein. Jeder ist selbst in der Lage zu entscheiden, wann und wie er auf Mails reagiert. Dazu braucht es keine Verordnungen, keine Gesetze. Das ist eine Frage des Vertrauens. Deshalb ist das flexible Arbeiten eben nicht eine clevere Methode von Unternehmen, um Mitarbeiter zur Mehrarbeit anzustacheln – sondern die aus unserer Sicht große Chance, richtig gute Arbeit zu ermöglichen.

Wir entfernen uns immer mehr von der klassischen Büroarbeit. Warum auch nicht: Sie tut uns nicht wirklich gut, sie fordert uns, sie ist laut. Die Zahl der psychischen Erkrankungen steigt, der Stress nimmt zu. Warum sollen wir etwas beibehalten, das uns beim Arbeiten behindert und einschränkt, das uns krank machen kann? Zumal Büroarbeit dank neuer Technologien immer weniger Routinearbeit ist und es meist die Routinetätigkeiten sind, die uns auslaugen.

Individuelle Entscheidungen

Mit der Digitalisierung wird sich die Art des Arbeitens wandeln, und das zum Guten. Wir sind erwachsene Menschen – und auch Kollegen und Mitarbeiter sind erwachsene Menschen, die wissen, wie sie sich selbst organisieren, wie sie ihre Aufgaben in den Griff bekommen und wann und wo sie die beste Leistung abliefern können. Ob sie nun ungekämmt am Gartentisch sitzen und Mails beantworten oder sich am Abend Aufgaben widmen, für die am Tag die Ruhe gefehlt hat, weil der Sohn zum Fußball gebracht, die Tochter aus der Kita abgeholt werden musste und für die Klassenfeier noch ein Kuchen fehlte. Das alles war zu diesem Zeitpunkt wichtiger.

Und als Arbeitgeber kann man es getrost seinen Mitarbeitern überlassen, wie sie Prioritäten setzen – wenn man vorab sehr konkret ein Ziel vereinbart hat. Wie der Weg dahin gelingt, das sind individuelle Entscheidungen. Das muss eine Führungskraft heute nicht mehr kontrollieren, sondern vielmehr unterstützend begleiten und moderieren.

Die Digitalisierung wird die Welt weiter umkrempeln. Und junge Menschen, die mit Rund-um-die Uhr-Verfügbarkeit von Information und Kommunikation aufgewachsen sind, die sich nicht einmal vorstellen können, dass einst Menschen ohne Telefon durch die Gegend gegangen sind, dass Menschen nicht erreichbar waren, wie soll man die künftig an einen Ort binden?

Es wird immer weniger Aufgabe von Führungskräften sein, Mitarbeitern etwas vorzuschreiben oder sie gar zu erziehen. Auf was es ankommen wird, ist die Fähigkeit zur Empathie und die menschliche Nähe.

Menschliche Nähe ist der Schlüssel zu guter Arbeit in der digitalen Welt

Wir sind seit hundert Jahren gewohnt, Maschinen und Prozesse zu bedienen. Wir haben uns in unserer Art zu arbeiten und zu denken den Maschinen und Prozessen angepasst und unsere Gefühle untergeordnet. Aber nun erleben wir den wohl größten Wandel in der Arbeitswelt seit der industriellen Revolution, angestoßen vor allem durch moderne Technologien: Schreibtischarbeit im Büro verliert an Bedeutung, Mitarbeiter können dank mobiler Geräte und Cloud-Services unabhängig von Zeit und Ort tätig sein.

Das ist jetzt der Wendepunkt, an dem wir Maschinen und Prozesse nicht mehr bedienen, sondern sie uns dienen können. Wir arbeiten wieder mit und für Menschen. Das, was wir hier augenzwinkernd »Out of Office« nennen, ist eines der wichtigsten strategischen Themen für Unternehmen in den nächsten Jahren.

Es wird nichts nützen, die Augen und Ohren vor dem »New Way of Work« zu verschließen und zu hoffen, dass der Zug vorbeifährt und alles so bleibt wie bisher. Die Arbeitswelt ist bereits jetzt im Begriff, sich maßgeblich zu verändern – und wenn Unternehmen bestehen wollen, müssen sie sich spätestens jetzt mit diesem Thema beschäftigen. Wir sehen hier eine große Chance für den Personalbereich, den »New Way of Work« vor allem aus strategischer Sicht zu gestalten – wenn wir bereit sind.

Wir wollen, dass alles so bleibt, wie es ist, und haben gleichzeitig Lust darauf, etwas Neues zu schaffen. Wir wollen für unsere individuelle Leistung anerkannt werden und gleichzeitig Teil einer Gemeinschaft sein. Unser Denkmuster sagt uns, dass wir uns entscheiden müssen – sowohl zwischen Beständigkeit und Wandel als auch zwischen Individualität und Gemeinschaft. Dieses Denkmuster ist überholt und schränkt uns in unserem Potenzial ein! In der neuen Arbeitswelt wird das alles gleichzeitig möglich sein: Wissensarbeiter prägen die neue Arbeitswelt. Wissensarbeit bringt Erfahrungswissen und Innovationskraft zusammen. Und für gute Arbeit müssen wir lernen, neu zu denken: nah am Menschen.

Dr. Elke Frank & Dr. Thorsten Hübschen

München, April 2015

Die Zahlen, die man kennen muss

Bitkom und IAO 2014: In sechs volkswirtschaftlich wichtigen Branchen sind bis zum Jahr 2025 Produktivitätssteigerungen durch Industrie 4.0 in Höhe von insgesamt circa 78 Milliarden Euro möglich.

Report Digitale Wirtschaft (2014): Deutschland ist im europäischen Vergleich in puncto Glasfaserausbau auf dem letzten Platz.

Der Satz, den man sich merken sollte

Die neue Arbeitswelt findet nicht alleine in den Unternehmen statt, sondern ist eine gesamtgesellschaftliche Aufgabe, die nahezu alle großen gesellschaftlichen Teilsysteme betrifft.

Das Zitat, das es auf den Punkt bringt

»Der Offene findet für jedes Problem eine Lösung. Der Verschlossene findet für jede Lösung ein Problem.«
Albert Einstein

DANKSAGUNG

Wir wollen mit diesem Buch aufzeigen, was im Hinblick auf die Arbeit besser laufen kann – in Unternehmen und in der Gesellschaft. Wir müssen die Arbeit und vor allem das Büro anders denken, und das heißt auch: Wir sollten das kollaborative Arbeiten fördern. Und so haben wir bei der Entstehung dieses Buches viele Mitstreiter, konstruktive Kritiker, Impulsgeber und Mitdenker gefunden, die uns in unserem Vorhaben mit Anregungen und Ideen unterstützt haben. Stellvertretend für die vielen möchten wir an dieser Stelle besonders danken: Christoph Schlegel, Markus Albers, Fabienne Bernhard und Diana Heinrichs.

LESEEMPFEHLUNGEN

Führung

Führungskultur im Wandel, Initiative Neue Qualität der Arbeit (Bundesministerium für Arbeit und Soziales) 2014. [http://www.forum-gute-fuehrung.de/sites/default/files/INQA_MONITOR_GUTE_FUEHRUNG_web_es.pdf; Stand: 01.03.2014]

Great Place to Work [http://www.greatplacetowork.de; Stand: 01.03.2015]

Kottmann, Thomas/Smit, Kurt: *Führungsethik. Erkenntnisse aus der Soziobiologie, Neurobiologie und Psychologie für wertorientiertes Führen*, Springer Fachmedien, Wiesbaden 2014.

Malik, Fredmund: *Führen. Leisten. Leben. Wirksames Management für eine neue Welt*, Campus, Frankfurt 2006.

Pfläging, Niels: *Die 12 neuen Gesetze der Führung. Der Kodex: Warum Management verzichtbar ist*, Campus, Frankfurt 2009.

Sprenger, Reinhard K.: *Radikal führen*, Campus, Frankfurt 2012.

Werner, Götz W.: *Führung für Mündige. Subsidiarität und Marke als Herausforderungen einer modernen Führung*, Universitätsverlag, Karlsruhe 2006.

Werner, Götz W./Dellbrügger, Peter (Hrsg.): *Wozu Führung? Dimensionen einer Kunst*, KIT Scientific Publishing, Karlsruhe 2013.

Wissensarbeit

Drucker, Peter F.: *Landmarks of Tomorrow*, Harper & Row, New York 1957.

Kelley, Robert E.: *The Gold Collar Worker. Harnessing the Brainpower of the New Workforce*, Addison-Wesley Publishing Company Inc., Boston 1985.

Knaut, Carsten: *Wissensarbeiter haben ihren eigenen Kopf. Machtmotivation, Offenheit der Organisation, kooperatives Miteinander und die Bereitschaft, Wissen (nicht) zu teilen*, Rainer Hampp Verlag, München 2012.

Niewerth, Christoph: *Peter Druckers Thesen im Praxischeck*, Harvard Business Manager, 13.11.2014. [http://www.harvardbusinessmanager.de/blogs/peter-druckers-thesen-im-praxischeck-a-1001227.html; Stand: 01.03.2015]

Stiehler, Andreas/Schabel, Frank/Möckel, Kathrin: Wissensarbeiter und Unternehmen im Spannungsfeld, Hays 2013. [http://www.wissensarbeiter-studie.de/wp-content/uploads/downloads/2013/07/HAYS-Studie-Wissensarbeiter-Gesamtprojekt.pdf; Stand: 01.03.2015]

Wartzman, Rick: *Was schon Peter Drucker über das Jahr 2020 wusste*, Harvard Business Manager, 14.11.2014. [http://www.harvardbusinessmanager.de/blogs/a-1000774.html; Stand: 01.03.2015]

Willke, Helmut: »Organisierte Wissensarbeit«, in: *Zeitschrift für Soziologie*, Jg. 27, Heft 3, F. Enke Verlag, Stuttgart 1998, S. 161-177.

New Workstyle/Teams/flexibles Arbeiten

Albers, Markus: Meconomy. *Wie wir in Zukunft leben und arbeiten werden – und warum wir uns jetzt neu erfinden müssen*, epubli, Berlin 2010.

Albers, Markus: *Morgen komm ich später rein. Für mehr Freiheit in der Festanstellung*, Campus, Frankfurt 2008.

Bartz, Michael/Schmutzer, Thomas: *New World of Work. Warum kein Stein auf dem anderen bleibt. Trends – Erfahrungen – Lösungen*, Linde Verlag, Wien 2014.

Gratton, Lynda: *The Shift. How the Future of Work Is Already Here*, Harper Collins, London 2011.

Life 2. Vernetztes Arbeiten in Wirtschaft und Gesellschaft, Deutsche Telekom AG 2010. [http://www.studie-life.de/wp-content/uploads/2011/11/Life-2-Vernetztes-Arbeiten.pdf; Stand: 01.03.2015]

Sinek, Simon: *Leaders Eat Last. Why Some Teams Pull Together and Others Don't*, Penguin Putnam Inc., New York 2014.

Sloterdijk, Peter: *Sphären III. Schäume*, Suhrkamp, Berlin 2004.

Taleb, Nassim Nicholas: *Antifragilität. Anleitung für eine Welt, die wir nicht verstehen*, Knaus Verlag, München 2013.

Webb, Maynard/Adler, Carlye: *Rebooting Work. Transform How You Work in the Age of Entrepreneurship*, John Wiley & Sons, San Francisco 2013.

Orte/Büros

Bartmann, Christoph: *Leben im Büro. Die schöne neue Welt der Angestellten*, Carl Hanser Verlag, München 2012.

Bauer, Wilhelm (Hrsg.)/Rief, Stefan/Jurecic, Mitja/Kelter, Jörg/Stolze, Dennis: *Office Settings. Die Rolle der Arbeitsumgebung in einer hyperflexiblen Arbeitswelt*, Fraunhofer IAO 2013. [http://www.office21.de/content/dam/office21/de/documents/Publikationen/Fraunhofer-IAO_Kurzbericht_Office-Settings.pdf; Stand: 01.03.2015]

Bolchover, David: *The Living Dead. Switched Off, Zoned Out. The Shocking Truth about Office Life*, Capstone, West Sussex 2005.

Cederström, Carl/Fleming, Peter: *Dead Man Working*, Zero Books, Alresford 2012.

Saval, Nikil: *Cubed. A Secret History of the Workplace*, Doubleday, New York 2014.

Schnaas, Dieter: »Die Geschichte des Büros. Willkommen in der geistigen Legebatterie«, *Wirtschaftswoche*, 18.08.2014. [http://www.wiwo.de/erfolg/beruf/die-geschichte-des-bueros-willkommen-in-der-geistigen-legebatterie/10336654.html; Stand: 01.03.2015]

Walser, Robert: *Im Bureau*, Insel Verlag, Berlin 2011.

Digitalisierung/Technologie

»Arbeit 3.0. Arbeiten in der digitalen Welt«, BITKOM 2013. [http://www.bitkom.org/files/documents/Studie_Arbeit_3.0.pdf; Stand: 01.03.2015]

Brynjolfsson, Erik/McAfee, Andrew: *The Second Machine Age. Work, Progress, and Prosperity in a Time of Brilliant Technologies*, W. W. Norton & Company, New York 2014.

»Digitale Arbeitswelt: Gesamtwirtschaftliche Effekte«, BITKOM/prognos AG 2013. [http://www.bitkom.org/files/documents/BITKOM-Studie_Digitale_Arbeitswelt__Gesamtwirtschaftliche_Effekte.pdf; Stand: 01.03.2015]

»Digitalisierung der Arbeitswelt«, BITKOM 2015. [http://www.bitkom.org/files/documents/BITKOM_Charts_Digitalisierung_der_Arbeitswelt_26_02_2015(1).pdf; Stand: 01.03.2015]

Digitale Agenda der Bundesregierung [http://www.digitale-agenda.de/Webs/DA/DE/Home/home_node.html; Stand: 01.03.2015]

Fraillon, Julian/Ainley, John/Schulz, Wolfram/Friedman, Tim/Gebhardt, Eveline: *Preparing for Life in a Digital Age. The IEA International Computer and Information Literacy Study. International Report*, International Association for the Evaluation of Educational Achievement (IEA) 2014. [http://www.iea.nl/fileadmin/user_upload/Publications/Electronic_versions/ICILS_2013_International_Report.pdf; Stand: 01.03.2015]

Kaku, Michio: *Physics of the Future. How Science Will Shape Human Destiny and Our Daily Lives by the Year 2100*, Doubleday, New York 2011.

Lanier, Jaron: *Wem gehört die Zukunft? Du bist nicht der Kunde der Internet-Konzerne, du bist ihr Produkt*, Hoffmann und Campe, Hamburg 2014.

Münchner Kreis: *Innovationsfelder der digitalen Welt – Bedürfnisse von übermorgen*, Zukunftsstudie Münchner Kreis Band V, 2013. [http://www.eict.de/files/downloads/2013_Innovationsfelder_der_digitalen_Welt.pdf; Stand: 01.03.2015]

Schwemmle, Michael/Wedde, Peter: *Digitale Arbeit in Deutschland. Potenziale und Problemlagen*, Friedrich-Ebert-Stiftung, Bonn 2012. [http://library.fes.de/pdf-files/akademie/09324.pdf; Stand: 01.03.2015]

»Survival of the Smartest. Welche Unternehmen überleben die digitale Revolution?«, KPMG 2013. [http://www.kpmg.com/DE/de/Documents/survival-of-the-smartest-kpmg-2013.pdf; Stand: 01.03.2015]

Views from Around the Globe. 2nd Annual Poll on How Personal Technology is Changing Our Lives, Microsoft 2015. [http://mscorp.blob.core.windows.net/mscorpmedia/2015/01/2015DavosPollFINAL.pdf; Stand: 01.03.2015]

Geschichte der Arbeit

Donkin, Richard: *Blood, Sweat, and Tears. The Evolution of Work*, Texere, New York 2001.

Marx, Karl: *Das Kapital*. Kurzfassung aller drei Bände, Verlag für Wissenschaft und Forschung, Berlin 2005.

Palla, Rudi: *Verschwundene Arbeit. Das Buch der untergegangenen Berufe*, Brandstätter Verlag, Wien 2014.

Industrie 4.0/Ökonomie

Bauer, Wilhelm/Schlund, Sebastian/Marrenbach, Dirk/Ganschar, Oliver: Industrie 4.0 – Volkswirtschaftliches Potenzial für Deutschland, Fraunhofer IAO/ BITKOM 2014. [http://www.bitkom.org/files/documents/Studie_Industrie_4.0.pdf; Stand: 01.03.2015]

Fachkräfteengpässe in Unternehmen, Bundeministerium für Wirtschaft und Energie 2014.[http://www.bmwi.de/BMWi/Redaktion/PDF/Publikationen/fachkraefte/fachkraefteengpaesse-in-unternehmen,property=pdf,bereich=bmwi2012,sprache=de,rwb=true.pdf; Stand: 01.03.2015]

Kondratieff, Nikolai/Händeler, Erik (Hrsg.): *Die langen Wellen der Konjunktur. Die Essays, von Kondratieff aus den Jahren 1926 und 1928*, herausgegeben und kommentiert von Erik Händeler, Marlon Verlag, Moers 2013.

Manyika, James/Bughin, Jacques/Lund, Susan/Nottebohm, Olivia/Poulter, David/Jauch, Sebsatian/Ramaswamy, Sree: Global flows in a digital age: How trade, finance, people, and data connect the world economy, McKinsey Global Institute 2014.[http://www.mckinsey.com/insights/globalization/global_flows_in_a_digital_age Stand: 01.03.2015]

Produktionsarbeit der Zukunft – Industrie 4.0, Fraunhofer IAO [http://www.produktionsarbeit.de; Stand: 01.03.2015]

Rifkin, Jeremy: *The Third Industrial Revolution. How Lateral Power Is Transforming Energy, the Economy, and the World*, Palgrave Macmillan Trade, New York 2011.

Smil, Vaclav: *Making the Modern World. Materials and Dematerialization*, John Wiley & Sons, San Francisco 2013.

Spath, Dieter (Hrsg.)/Ganschar, Oliver/Gerlach, Stefan/Hämmerle, Moritz/ Krause, Tobias/Schlund, Sebastian: Produktionsarbeit der Zukunft – Industrie 4.0, Fraunhofer IAO 2013. [http://www.produktionsarbeit.de/content/dam/produktionsarbe t/de/documents/Fraunhofer-IAO-Studie_ Produktionsarbeit_der_Zukunft-Industrie_4_0.pdf; Stand: 01.03.2015]

Statistisches Bundesamt (Hrsg.): IKT-Branche in Deutschland. Bericht zur wirtschaftlichen Entwicklung, Wiesbaden 2013. [https://www.destatis. de/DE/Publikationen/Thematisch/UnternehmenHandwerk/Unternehmen/IKT_BrancheDeutschland5529104139004.pdf;jsessionid=43D693 62737382800925BCE4D11FF312.cae2?__blob=publicationFile; Stand: 01.03.2015]

Gesundheit

Grobe, Thomas: Gesundheitsreport der Techniker Krankenkasse mit Daten und Fakten zu Arbeitsunfähigkeit und Arzneiverordnungen. Schwerpunktthema: Rücken, Techniker Krankenkasse 2014. [http://www.tk.de/ centaurus/servlet/contentblob/644772/Datei/121848/Gesundheitsreport-2014.pdf; Stand: 01.03.2015]

Grobe, Thomas/Steinmann, Susanne: Depressionsatlas. Arbeitsunfähigkeit und Arzneiverordnungen, Techniker Krankenkasse 2015. [http://www. tk.de/centaurus/servlet/contentblob/696244/Datei/139131/Depressionsatlas_2015.pdf; Stand: 01.03.2015]

PERSONENVERZEICHNIS

STICHWORTVERZEICHNIS

OUT OF OFFICE